女人
高情商社交

肖卫◎著

苏州新闻出版集团
古吴轩出版社

图书在版编目（CIP）数据

女人高情商社交 / 肖卫著. -- 苏州 ：古吴轩出版社, 2024. 9. -- ISBN 978-7-5546-2438-8

Ⅰ. B842.6-49

中国国家版本馆CIP数据核字第2024J2F524号

责任编辑：任佳佳
策　划：周建林
封面设计：MM末末美书

书　名：女人高情商社交
著　者：肖　卫
出版发行：苏州新闻出版集团
　　　　　古吴轩出版社
　　　　　地址：苏州市八达街118号苏州新闻大厦30F
　　　　　电话：0512-65233679　　邮编：215123
出 版 人：王乐飞
印　刷：天宇万达印刷有限公司
开　本：670mm×950mm　1/16
印　张：12
字　数：139千字
版　次：2024年9月第1版
印　次：2024年9月第1次印刷
书　号：ISBN 978-7-5546-2438-8
定　价：49.80元

如有印装质量问题，请与印刷厂联系。0318-5695320

有一些女性，身上似乎总是散发着迷人的气息，她们不光拥有出众的智商，而且情商超高。她们性格乐观向上，人际关系和谐，似乎和谁都能聊得来，在任何时候碰到任何困难，也都有贵人相助，是人人羡慕的"锦鲤体"。

如果仔细观察这些女性，我们会发现，她们之所以能拥有这种舒适的状态，与她们的高情商社交分不开。

所谓高情商社交，并不是口才好、能言会道或八面玲珑。高情商社交，其实是一种让人信任的过程，传递着人性里的温暖与信任。我们会发现，真正的高情商社交，是让他人看到自己的真诚，感受到自己的修养和气度；同时，懂得谦虚礼让，不咄咄逼人，但也不唯唯诺诺、低三下四，而是不卑不亢地与人交流，让彼此都处于自洽的最好状态，从而助力自己在事业和情感上不断获得进步与突破。

如今，越来越多的女性看到了自身的价值所在，她们开始觉醒，不再一味想着依附男性，而是走上了自我独立和提升的道路，修炼自己的情商，拓展优质的人际关系，最终成长为让人钦佩又闪闪发光的魅力女性。

作为一名女性，如果你对魅力女性充满向往，那么你就需要像她们那样去不断提升、充实自己，让自己变得越来越智慧、独立、乐观和自信，那样你在社交时就会变得轻松自如，展现高情商。与此同时，你在别人眼中就好似一个闪闪的发光体，魅力四射。

在本书中，你会看到丰富的高情商社交修炼技巧，它会教你通过掌握说话技巧、修炼气场等方法去克服社交障碍，读懂他人，找到自己的社交舒适区，成为高情商社交达人，从而游刃有余地去面对工作和生活，活出自己的精彩人生。

目 录

第七章

克服交际障碍，强者从不抱怨环境

第八章

忠于自己的女人，总能找到社交舒适区

附　录

第一章

/

高情商的女人，
更会经营自己的朋友圈

你周围的小人物也能闪闪发光

有的人常常以貌取人，看不起小人物，结果常常被小人物算计，栽在小人物的手中！要知道，"大小"并不是绝对的，二者可以转换。对待小人物，我们应该懂得变通，没有大人物可选的时候，能向小人物借力也是不错的选择。历史上"鸡鸣狗盗之辈"曾经帮孟尝君逃脱大难，不就是很好的证明吗？

孟尝君即田文，其父为田婴，其祖父为齐威王，其伯父为齐宣王，其堂弟为齐湣王。孟尝君虽然没能继承王位，但他的父亲却留了很多的产业给他，让他可以有享不尽的荣华富贵。坐拥无数钱财的孟尝君，本来可以好好享受人生，却生性喜好交友，为人慷慨大方，经常仗义疏财。他待人接物一视同仁，投奔到他门下的不仅有诸侯宾客，连那些戴罪之身、到处流浪的人也都慕名而来，一时间食客达到了数千人。

一天，齐湣王派孟尝君出使秦国，秦昭王想让孟尝君做秦相。有人向秦昭王打小报告说："孟尝君虽然贤能，但他是齐湣王的亲属，让他当秦相，必定会先齐而后秦，凡事都会把齐国的利益放在首位，这样一来秦国就危险了。"

秦昭王思来想去觉得确实是这么回事，于是态度来了个180度大转弯，不但不再让孟尝君做秦相，反而把他囚禁起来，想要杀掉他。

孟尝君知道情况危急，就派人冒险去见昭王的宠妾请求解救。那个宠妾提出条件说："我希望得到一件白色狐皮裘。"孟尝君本来是有一件白色狐皮裘的，价值千金，可到秦国后将它献给了昭王，就再也没有别的白色狐皮裘了。

孟尝君为这件事发愁，问了很多宾客，都没有办法。快绝望的时候，忽然有一个会披狗皮盗东西的人，跑出来说："我能将您送给昭王的那件白色狐皮裘拿回来。"于是，当夜此人便扮作狗相，钻入了秦宫的仓库，成功取出了那件白色狐皮裘，将之献给了昭王的宠妾。

宠妾得到狐皮裘后，在昭王面前替孟尝君说情，昭王便释放了孟尝君。孟尝君获释后，当即更换了出境证件，逃出城关，夜晚时到了函谷关。然而昭王放走孟尝君后便后悔了，于是下令让士兵驾车飞奔去追捕。面对紧闭的函谷关大门，孟尝君着急万分，但距离五更天鸡叫开门的时间还早。正当他急得团团转的时候，宾客中有个人说他会学鸡叫，孟尝君像看到了救命稻草，赶紧让他一试，只见那人便学鸡叫了起来，这一叫，附近的鸡都跟着一齐叫了起来，函谷关的大门便打开了，孟尝君得以逃回齐国。

试想一下，如果没有这些小人物的帮助，孟尝君是很难逃脱秦昭王之手的。小人物就像螺丝钉，虽然小，但也是推动大机器运转的关键零件，不可缺少。

郭女士是一位颇有经济实力的女企业家，身家几千万元。但她当初到上海时，身上却只有几千块钱。她是如何做到在10年左右的时间里就获得了千万级的财富的呢？这跟她善于结交身边的小人物有关。

刚去上海时，她的想法是做一个打工者，每年有几万块钱的收入就可以了。不过，随着在上海生活的时间越来越久，她发现上海有太多的有钱人，于是她便萌生了成为有钱人的想法。

当时，郭女士认识的基本都是一线女工，没什么文化和背景。在工作之余，她经常和这些工友们一起闲聊。有一次，她从工友们的口中得知，在上海做二手房生意很赚钱，于是她便产生了做二手房买卖的想法。她将这一想法告诉了工友，其中一位工友告诉她，要想做二手房生意，第一需要资金，第二需要先了解这一行。

郭女士想到自己一无资金，二无房地产行业的相关知识。于是，她便请一位工友引荐，来到了一家二手房中介公司做员工，打算从基层做起。从入职起，她就认真总结经验，深入探究这一行业的门道。当然，跟身边的同事搞好关系也是必不可少的。

经过了一段时间的经验积累，在朋友的介绍下，她很快成了另一家房屋中介公司的领导，月薪提升的同时，提成也成倍上升。

在短短的3年时间里，她便有了50万元存款，为她后来的创业做好了资金上的准备。

　　郭女士在一路上升、不断接近成功的道路上，获得了无数的帮助，而这些帮助，大部分都是由小人物提供的。可以说，没有不同时期、不同环境下的小人物的帮助，就没有郭女士的成功。当然，郭女士也没亏待这些在她奋斗的路上给予她无私帮助的善良的小人物们。她成功后，只要能提供帮助，她就不遗余力地给予这些人回报。

　　正是在无数小人物的帮助和支持下，郭女士的公司不断发展壮大，最终她实现了成为有钱人的梦想。假设一下，如果没有这些小人物的帮助，郭女士恐怕会和大多数人一样，是普通打工人中的一员。

　　所以，我们平时无论是说话还是办事，一定要记住，把鲜花送给身边所有的人，不要小瞧了那些默默无闻、平平常常的人。说不定哪天，这些小人物就会在某个关键时刻助我们一臂之力，让我们的前程和命运得到改变。

社交广场

　　唐代诗人李白曾说过："天生我材必有用。"可见，再平凡的人，身上也会有别人没有的闪光点；再庸碌的人，也会有别人所不具有的才能。因此，重视身边的每一个人，包括小人物，定能让你的人生走得顺风顺水，更快地实现目标。

交际达人总能维护好自己的人脉

好的人际关系是成功的要素之一，是人生中的巨大财富。有了它，事业会变得顺利，生活会变得如意。因此，平时我们要注意积攒和经营人脉。

王晴与谢晓妹从小学到中学都是同班同学，虽然两人很早认识，但关系一般。高三毕业时，谢晓妹得知王晴考上了清华大学建筑系，就去打听了王晴的联系方式，之后与王晴保持了5年不间断的联系。因为谢晓妹也对建筑非常感兴趣，喜欢高楼、大桥，希望王晴今后能在这方面帮助自己。大学毕业后，王晴凭自己的能力与努力在当地创办了一家建筑设计公司，经过几年拼搏，成为同行业中的佼佼者。而与此同时，谢晓妹也有了一番作为，成了当地有名的建筑承包商。

一次，谢晓妹的家乡需要修一座大桥，谢晓妹抓住机会承包了这个建筑项目。然而不久，她就后悔了，因为地形地质比较特殊，这座大桥不能按以往的方案建造。如果请专家设计一个新的方案需要花费不少钱。当她在为此事为难时，她想起了同学王晴，便决定找她帮忙。

谢晓姝毫不犹豫地拨通了王晴的电话，希望她能帮忙设计一个适合当地地形地质的建桥方案。王晴了解情况后，很快设计出了图纸和建造方案，为谢晓姝按时完工奠定了基础。

可以说，积攒人脉、经营好人脉是非常重要的。与人保持联系是维系人际关系的桥梁。所以，千万不要以忙为借口而疏于与朋友联系，其实每周多花一点时间和朋友联系，并不会耽误你的工作或者生活。要知道，多花的这一点时间，可以让你和朋友更加亲密，能让你在需要帮助的时候，不会出现找不到人的尴尬局面。

很多创业成功的女性都深深地意识到了人脉对自己事业的重要性。有相关研究得出结论：专业知识在一个人成功中的作用只占30%，而其余的70%则取决于人际关系。所以说，对于女性而言，无论你从事何种职业，只要你积攒丰厚的人脉，那你就相当于开启了成功之路，走在了幸福的道路上。美国石油大王洛克菲勒也这样说："我愿意付出比得到任何其他本领更大的代价来获取与人相处的本领。"

相反，如果我们因为忙碌而减少了和朋友的沟通交往，那么很多原本牢靠的关系就会变得松散，直至彻底变得没有关系。因此，无论此时你正在忙什么，都要记得千万不要和朋友失去联系，不要让你的通信录蒙尘。

社交广场

　　交友是一种感情的交流，也是生活的一部分。交友可以拓宽我们原本狭窄的生活圈子。因此，无论是对于关系一般的朋友，还是好朋友，都要多付出、多投入，只有这样才能得到相应的回报。

主动出击，拓展你的社交圈

生活中有这样的为人处世之道：你敬我一尺，我敬你一丈。人际交往中有这样的规则：主动做事，积极争取。前者体现了互惠互敬的道理；后者告诉人们做事要积极主动，不能被动等待，这样才有好的结果。但就是这类浅显的道理，却常常被人们忽视，特别是被一些自认为聪明的人忽视。这是因为很多人表现得太过功利，在日常生活中，常表现出高高在上、不冷不热的样子。可是当他们有求于人时，却表现得太过恭维，甚至想直接通过物质方式去影响他人，达到自己的目的，但最终的结果往往是使自己处于十分被动的境地。

"平常多主动一些，遇事就不至于太被动"，这同样是心理学中互惠原则的一种表现。人与人之间的关系会随着平时联系的增多而逐渐加深，平常多主动与人沟通，多主动关心别人、帮助别人，会加深彼此间的感情。若你平时在与人相处时能更主动地付出自己的理解和关心，那么当你有求于人时，对方会因为感念你平日的付出而对你有所回报。而对于久不见面、久不沟通、久不相互关心和帮助的人而言，彼此间的关系会因为平时缺少联系而日渐疏远。若你在遭遇困难或者需要帮助时，才想到求助他人，即使对方有心想帮你，但是一想到你平日的疏远和冷漠，内心想要帮助你的想法也会因此变得不强烈，甚至会产生反感情绪，不愿意接受你的恳求。

胡女士的公司处于创业初期，很难招到经验丰富的会计人员。因为公司处于起步阶段，工资待遇无法和大公司相比，有资历的人就不愿意到她的公司来应聘。大家经过讨论，决定起用新手会计。这样，一来可以减少工资开销；二来等公司发展壮大后，这位会计人员也能成为公司的中流砥柱。

后来，公司便招到了一位不错的新人。为了让这位新员工能够在公司的发展中发挥作用，胡女士不仅在工作上主动帮助其提高能力，在生活上也是不遗余力地帮忙。这名会计非常感谢胡女士的帮助，所以工作很努力，即便后来公司发展遇到了困难，很多人都离开了公司，她也没有离开，依然努力工作，帮助公司渡过难关。

俗话说："一口吃不成胖子，一锹掘不出水井。"做任何事情都需要一个过程，正是胡女士平时的关心、照顾，才让这名会计在公司困难时，能够无私、全心全意地帮助公司渡过难关。其实，无论是在商场还是在人生的战场上都是如此。在日常的人际关系上，女性只有主动出击，才能先发制人，占据主动权，当有求于人或者遭遇困难时，才能有效地影响对方。

或许有人会说："这个道理我们都懂，可问题是在实际生活中如何主动构建与他人之间的关系呢？"其实方法很简单。如果你是上班族，不要每天忙碌于办公室中，要利用吃饭和休息的时间，和朋友、同事多走动走动；如果你是每天奔波于外面的销售精英，可以利用在外面奔波的机会，多联系曾经被你疏远的朋友，比如一起吃个饭或一起喝杯咖啡；如果你是经常出差在外的人员，不妨在每次出差回来时，给同事带些当地的特产或者其他特色小礼物；等等。

这些事情看上去虽小，但坚持做下去，对拉近彼此间的关系具有重要的作用。若你平时能够一直积极主动地为别人做些小事情，多表达自己的关心，那么当你有求于人时，对方会感到自己必须帮助你；即使他们对你提出的事情无能为力，也会想尽办法帮助。对于那些平时不联络、不关心他人的人，事到临头才来抱佛脚，碰壁的概率势必会比较大。

社交广场

平时与人相处时，如果你能更主动地付出自己的理解和关心，那么当你有困难或者有求于人时，对方常会因为感念你平日的付出而对你有所回报。因此，我们在生活中应该秉承"平常多主动一些，遇事就不至于太被动"的规则行事。

恰同学少年，珍惜缘分

我们已经知道结交朋友的重要性，那么如何结交朋友呢？首先不妨从身边现有的人际关系中去发现你想要结交的对象。

固然，从其他渠道去寻找朋友亦可行，不过在尚未了解对方之前，即使你认定对方是个有用之才，值得深交，但对方未必有此同感。因此，想要获得真正的朋友，就要消除彼此心理上的障碍，这样才能真正地建立友谊。

首先，我们不妨在同学中进行搜寻。通常，从与同学的相处中较易学习到如何处理人际关系，而且我们也能较易了解对方究竟是什么样的人。这种了解对于日后的交往具有重要作用。

一般从相遇到交往之初，再到培养成为朋友的关系，需要长久的酝酿期。倘若这种交往形态发生于同学之间，酝酿期必将缩短不少。

同学之间是最能相互帮助、相互协作的。如果你能善于运用同学关系，就会收到事半功倍的效果。所以千万不要把这种宝贵的人际关系资源给白白浪费了。

同学关系是非常纯洁的，有可能发展出长久、牢固的友谊。因为在学生时代，人们年轻单纯，热情奔放，对人生、未来充满浪漫的理想，而这种理想往往是同学们共同的追求目标，大家在一起热烈地争论和探讨，每个人都能将内心世界展示在别人面前。加之同学之间朝夕相处，彼此间对对方的性格、脾气、爱好、兴趣等都能深入了解。因此，在同学中最容易找到合适的朋友。

那么我们该如何对待同学关系呢？

第一，虽然彼此的工作领域不同，但可以将焦点对准目前的状况。原则上，只要有进取心，且在奋斗中态度积极的人即可交往。即使对方在学生时期与你并无多少交往也无妨，你必须主动地加深与其交往的程度。如果你很幸运地找到凡事均极热心的对象，就更易于与其建立起良好的关系了。

第二，根据同学的工作性质展开交往。

如果你在学生时期不太引人注意，想必交往的范围也很有限。然而，现在你已大可不必受限于昔日的经验而使想法变得消极。因为每个人踏入社会后，所接受的磨炼都是不同的，绝大多数人会受到社会的洗礼而变得相当关注人际关系，因此即使与完全陌生的人来往，通常也能相处得很好。由于这种缘故，再加上曾经拥有的同学关系，你完全可以与之开启全新的人际关系。换言之，不要拘泥于学生时期的自己，而要以目前的身份来展开交往。

此外，不论本身所属的行业领域如何，都应与最易联络的同学（初中、高中、大学等）建立关系。然后，从这里扩大交往范围，不妨多借助同学身边的人际关系。

同学关系确实是个人人脉资源中重要的一项，必须珍惜缘分。从现在开始，你就要努力地去开发、建设和维系这种关系，让每个同学都能成为你生命中的贵人。

社交广场

同学关系有时能在紧急关头帮上大忙。但是，一定要记住，这种关系需要自身努力地维系。如果与同学分开之后并没有经常联系，那关系如何谈起呢？从中受益就只是一纸空文了。所以我们要学会真诚地维系同学关系，那样自己的交际面会更加广阔。

善于借力，贵人就在那里

俗话说："七分努力，三分机遇。"我们一直相信"爱拼才会赢"，但在实际生活中，有些人即使拼尽全力也不见得会赢，其中关键的一点就在于缺少贵人相助。在攀向事业高峰的过程中，贵人相助往往是不可缺少的一环。有贵人相助，不仅能给你加分，还能为你的成功加速。

在如今这个经济发展迅速的社会里，如果单打独斗，很难做出一番大的事业。但是若有贵人相助，成功的概率就会大很多。倘若你能够找到贵人，并且能把握住机会，那么你就能先掌握他人没有的信息和机会。因为关键时刻他能向你提供平常朋友所不能向你提供的信息和机会，这样你就能够一步为先。所以，找到自己的贵人，并博得他们的信任和赏识，是成功的重要步骤。

贵人在经验、专长、知识、技能等方面都比你略胜一筹。因此，他们也许是师傅，也许是教练，也许是引荐人。出门遇贵人，就可吉星高照，前途一帆风顺。

　　周佳颖家境不好，她16岁时就辍学自谋生路，但她有很强的进取心，小小年纪就立志要创办一家服装公司，而且不露声色地执行着自己心中的计划。18岁那年，周佳颖进入一家外贸服装公司做业务员。这是一家著名的时装公司，周佳颖在这里学到了很多东西，为开拓自己的事业做好了准备。

　　不久，周佳颖就同一个朋友合伙，开办起一家小型服装公司。在她的悉心经营下，这家小公司的生意可以说相当不错。但是，周佳颖又不满足了。她认为，老是做与别人一样的衣服是没有出路的，只有设计出别人没有的新产品，才能在服装业中出人头地，这就需要找一个优秀的设计师做自己的合伙人。

　　然而，这样的设计师到哪儿去找呢？一天，她外出办事，发现一位少妇身上的蓝色时装十分新颖别致，竟不知不觉地紧跟在她后面。少妇以为她是心怀不轨的小偷，周佳颖连忙解释，少妇转怒为笑，并告诉周佳颖这套衣服是她丈夫卢振远设计的。他精于设计，而且还在三家服装公司工作过。最近刚刚离开一家公司，原因是他提出了一个别出心裁的设计方案，而不懂设计的领导不仅不予嘉奖，反而蛮不讲理地把他训斥了一顿。

　　然而，当周佳颖登门拜访时，卢振远却闭门不见，令周佳颖感到十分难堪。但周佳颖知道，一般有才华的人难免会意气用事，只有用诚心才能感化他。所以她并不气馁，接二连三地拜访，几次三番地恳求接见。她这种求贤若渴的态度，终于使卢振远为之动容，接受了周佳颖的聘请。

卢振远果然身手不凡，不仅设计出很多颇受欢迎的款式，而且开创性地使用人造丝来做衣料。由于人造丝造价低，而且生产快，新款上市总能抢先别人一步，尽占风光。周佳颖的服装公司的业务蒸蒸日上，不到10年的时间，公司就在服装行业中一枝独秀。

周佳颖正是认识到卢振远将成为自己事业上的贵人，所以她不失时机地抓住了改变她命运的人，使之成为自己的合伙人，让自己事业的路途一马平川。

其实，每个人的能力往往都局限于某一个或者某几个有限的领域里。这种局限能够在一定程度上突破，但是不可能彻底突破。即使一个人再有能力，也不可能做好所有的事情，所以借助别人的能力是必要的。成功人士通常都有善于借助贵人的能力，用别人的优势，来为自己铺就走向成功的道路。

《红楼梦》中薛宝钗有一句词："好风凭借力，送我上青云。"如果可能，我们为什么不求助于别人？为什么不试试坐上春风的感觉？

社交广场

对于女性来说，贵人的相助也非常重要。如果想要及早走向成功，就要善于在交际圈子里寻找贵人，并借助他们的力量。

辛勤耕耘，铺设自己的关系网

当今社会是信息社会，我们如果不与人交流沟通，就会变得越来越封闭。良性的人际关系网几乎是每个人立足于社会所必需的。即使你有过人的才华，但如果没有人与你打交道，你也不可能被人赏识。所以，我们一定要注意经营自己的人脉。

在日常生活中，我们除了要接触家庭和单位的人外，还要接触其他人。随着关系网的广度、密度与深度的拓展和强化，我们与他人之间逐渐建立起一种珍贵的、深厚的和亲密的感情。我们一定要用心维护自己的关系网，让它成为我们真正的财富。

扎维科是一个非常成功的生意人，他拥有一家非常有名的房地产公司。年老后，他想将生意全部交给儿子打理，然后去实现周游世界的梦想。

在临行前的那一段时间里，他简单地给儿子介绍公司的概况以及公司运行的各个环节。随后，他用了大量的时间，安排了大量的聚会，不停地给儿子介绍自己生意上的朋友、伙伴，有时候，他们甚至一天要参加几次聚会。

几天过后，儿子对扎维科说："爸爸，您就要离开公司了，怎么您不抓紧时间把您成功的秘诀传授给我，而让我每天去参加聚会呢？等您走后，很多事情我想问都来不及了。"

扎维科回答说："我的孩子，你还是不懂得做生意的精髓，你完全没有弄懂我的意思，我现在就是在向你传授我的成功秘诀。我敢说这些朋友就是我成功的秘诀，他们就是我最宝贵的财富。从年轻时起，我就很注意培养人脉，努力地打造属于我的关系网，因为我相信良好的人际关系和成功是密切相关的。我的朋友里有学者、生意场上的搭档、政治人物、银行家等，甚至还有很多不起眼的小人物，这些年来，他们给了我许多帮助。"扎维科喝了口水，继续说道："我刚出来创业时，是公司里的一个前辈鼓励我开公司；我的朋友借给了我一大笔钱；前任林业官给我介绍了第一笔生意；我的公司濒临破产时，是建筑界的朋友挽救了我……总之，如果没有他们就没有今天的我。现在我把他们介绍给你，希望你能够珍视这笔财富。当然，更重要的是，你也要像我一样努力打造一张适合你的关系网，把事业做得更成功。"

事实上，扎维科的成功秘诀也是很多人的成功秘诀，成功者大多是拥有庞大关系网的人。外国成功学有"友谊网"之说：你认识一些人，他们又认识一些人，而他们又认识另外的一些人……这种连锁反应一直扩大到编织成一张助你无往而不利的关系网。

打造一张关系网最大的好处，就是你可以因此拥有许多机遇和更多成功的机会。所以，在现实生活中，你需要善于交际，毕竟你随处都有可能交往到对自己有益的人。

有的人可能会觉得自己社交面太窄，认识的人太少，实际上，你的关系网远比你想的要广大得多。除了你每天都有联系的人之外，还包括和你共同工作以及曾经一同工作过的人，你以前的同学、校友、朋友、你整个大家庭的成员，你遇到过的孩子的父母，你参加研讨会或其他会议时遇到的人，这些人都会是你的关系网成员。你的关系网成员还包括那些你在网络中认识的人，以及与他们有联系的人。只要你能努力处理好与他们的关系，你的关系网就会越来越大，当然，你办事成功的概率也会越来越高。

社交广场

　　每一位女性都迫切希望自己的事业能够有所成就。虽然成功的果实是甜美而诱人的，但是收获却不能只靠凭空设想。在生活中，掌握正确的建立人际关系的方法，造就一张良好的关系网，会给人生的旅途带来巨大的正面影响。

第二章

/

会说话的女人，
有一种天生的吸引力

让别人的"不"难说出口

一个人在说话时，如果一开始就说出一连串的"是"字来，就会使他的整个身心趋向肯定的一面。这时，他的全身会呈放松状态，容易营造和谐的谈话气氛，也容易放弃他原来的偏见，转而同意对方的意见，让他心里的"不"字难说出口。

有一次，电机推销员哈里森到一家新客户的公司去拜访，准备说服他们再购买几台新式电机。不料，刚踏进公司的大门，他便挨了当头一棒。

"哈里森，你又来推销你那些破烂了！你不要做梦了，我们再也不会买你那些玩意儿了！"总工程师恼怒地说。

经哈里森了解，事情原来是这样的：总工程师昨天到车间去检查，用手摸了一下前不久哈里森推销给他们的电机，感到很烫手，便断定哈里森推销的电机质量太差。因而他拒绝哈里森今日的拜访。

哈里森冷静考虑了一下，认为如果硬碰硬地与对方辩论电机的质量，肯定于事无补。他便采取了另外一种战术，于是发生了以下的对话：

"好吧，斯宾斯先生！我完全同意你的立场，假如电机发热过度，别说买新的，就是已经买了的也得退货，你说是吗？"

"是的。"

"当然，任何电机工作时都会有一定程度的发热，只是发热不应超过全国电工协会所规定的标准，你说是吗？"

"是的。"

"按国家技术标准，电机的温度可比室内温度高出42℃，是这样的吧？"

"是的。但是你们的电机温度比这高出许多，昨天差点把我的手烫伤了！"

"请稍等一下。请问你们车间里的温度是多少？"

"大约24℃。"

"好极了！车间是24℃，加上应有的42℃的升温，共计66℃左右。请问，如果你把手放进66℃的水里会不会被烫伤呢？"

"那是完全可能的。"

"那么，请你以后千万不要去摸电机了。不过，我们的产品质量，你们完全可以放心，绝对没有问题。"结果，哈里森又做成了一笔买卖。

　　哈里森推销成功，除了因为他的电机质量的确不错以外，还因为他利用了人们心理上微妙的变化。

　　很多人在与他人谈判的过程中总是先让对方说"不"，这样一来会导致他接下来不停地说"不"。如果我们让对方先说"是"，把他心里的"不"字抹掉，那会大大提高谈判的成功率。也就是说，如果要想让别人接受你的意见，你必须使对方一开始就说"是"，让他同意你的观点，跟随你的思维，让他心里的"不"字难说出口。

　　要想使对方一直说"是"，需注意以下两点。

　　第一，一定要营造出让对方说"是"的气氛。因此，提问题时要精心考虑，不可信口开河。

　　下面，来看一位推销员与顾客之间发生的一场对话：

　　"今天还是和昨天一样热，是吗？"

　　"是的！"

　　"最近通货膨胀，治安混乱，是吗？"

　　"是的！"

　　"现在这么不景气，真叫人不知如何是好！"

　　虽然推销员提的问题很正常，对方也都回答"是的"，好像已经创造出了肯定的气氛，可是他说话的内容却制造出一种让人无心购买的气氛。也就是说，顾客在听到他的询问后，会变得心情沉闷，当然什么东西也不想购买了。

　　第二，要让对方回答"是"，提问题的方式是非常重要的。什么样的发问方式比较容易得到肯定的回答呢？那就是暗示你想要得到的答案。

比如，推销员在推销商品时，不应问顾客喜不喜欢，想不想买。因为问他"你想不想买""你喜不喜欢"时，他可能回答"不"。因此，应该问："你一定很喜欢，是吧？"

另外，当你发问而对方还没有回答之前，你要先点头，你一边问一边点头，可诱使对方做出肯定回答。

社交广场

要想让你的意见被别人同意，你必须使对方一开始就不能说出"不"字来，而让其一直说"是"。当你发问而对方还没有回答之前，你要先点头。

有胸怀的女人，更会背后夸人

懂得做人的一个重要细节就是切莫在背后说人是非，而是要在背后称赞他。一个人说别人的好话时，当面说和背后说的效果是不一样的。你当面说，人家以为你不过是奉承他、讨好他。而你在背后说时，当你赞扬他的话传到他的耳朵里时，他会认为你是发自内心的，不带个人动机的，会感到这种赞扬的真实和诚意，从而在荣誉感得到满足的同时，增强对你的信任。

设想一下，若有人告诉你，某某在背后说了许多关于你的好话，你能不高兴吗？这种好话，如果是在你的面前说给你听的，或许适得其反，让你感到很虚假，或者疑心对方是否出于真心。为什么间接听来的便会觉得特别悦耳动听呢？那是因为你坚信对方在真心地赞美你。

喜欢听好话似乎是人的一种天性。当来自社会、他人的赞美使其自尊心、荣誉感得到满足时，人们便会情不自禁地感到愉悦和鼓舞，并对赞美者产生亲切感，这时彼此之间的心理距离就会因一句好话而缩短、靠近，自然就为交际的成功创造了必要的条件。

我们平常的谈话实际上有百分之九十是在闲聊。那种品质恶劣的人，谈话时总是以议论人及诽谤人为中心，或者通过指责别人的不是来抬高自己。这种人正是自尊心极低的人，他没有真本事去表现自己，只有借助于挑别人的短处来抬高自己的身价。

玉华的公司长期和外贸公司合作做生意。外贸公司的徐经理可以说是他们的财神爷。一天，玉华劝说徐经理和他们扩大贸易范围，可费了九牛二虎之力也没能劝说成功。徐经理刚一走，玉华就恼羞成怒地说："你们看徐胖子，往公司大门口一站，连蚊子都只能侧着身子飞进来……"此时，徐经理正好回来拿包。虽然旁人不断地给玉华使眼色，但她并没有领悟到旁人的意思，且越说越得意，全然没注意到徐经理正在自己后面。过了一会儿，玉华才发现人们都不笑了，一回头，恰好看到徐经理涨得发紫的脸，玉华当时的那种尴尬劲就甭提了。旁人赶紧打圆场说："玉华这个家伙，就是嘴巴讨厌。"玉华也急忙赔着笑脸道歉，说自己喜欢开玩笑。徐经理当时没吭一声就走了。之后，虽然玉华多次请徐经理吃饭，想方设法赔礼道歉，但关系始终恢复不到以前的样子，合作生意也因此少了很多。这就是背后说人坏话的代价。

当你判断别人时，你自己也在被别人判断。

在现实中，我们往往会看到这样的现象：父母希望孩子用功读书时，采用当面教训孩子的方法，很难获得预期效果。但是，假如孩子从别人口中得知父母对自己的期望和关心，父母在自己身上倾注了很多心血时，便会产生极大的动力。又如，上司对下属说了很多勉励的话，但下属并没有多大感触，但当有一天，下属从第三者口中听到上司对自己的赞赏时，深受感动，从此更加努力工作，以报答上司对自己的知遇之恩。可见，多在他人面前去说一个人的好话，是让你与那个人关系融洽的非常有效的方法。

社交广场

在背后赞扬别人，能极大地表现赞扬者的胸怀和诚意，有事半功倍之效。在背后说别人的好话，远比当面恭维别人的效果好得多。

言之有度，"量好尺寸"再说话

古人在谈及人生和历史的经验教训时，总会谈到这样一句话："君子慎言，祸从口出。"就是说，作为一个君子，不要对事妄加评说，有些事自己心里明白就行，有些话能不说就不说。话说多了，往往会有失误。

我们也总是被这样教导，说话要注意方式，有时候话说得多了且方式不对，会让听的人感到厌烦。日常与人沟通时，一定要注意话要说得少且巧，让听话的人轻松接受你的意见或者建议，而不至于产生厌烦的感觉。

宋朝益州有个叫张咏的人，听说寇准当上了宰相，便对其部下说："寇准奇才，惜学术不足尔。"这句话说中了寇准的弱点。原来张咏与寇准是至交，他对寇准的劣势自然比较清楚。为了能帮老朋友及时改掉这个缺点，张咏很想找个机会劝寇准多读些书，毕竟寇准身为宰相，其作为关系天下兴衰，学问理应更多一些。

恰巧不久，寇准因为一些事情到了陕西，而刚刚卸任的张咏也从成都来到这里。他乡遇故知自然格外高兴，寇准专门设宴款待，二人畅饮了一番。相聚过后，临分别时，寇准问张咏："何以教汝？"张咏对此其实已有所考虑，正想借此机会劝寇准多读一些书，但话刚要说出口，又觉得现在的寇准已是堂堂的朝中宰相，居一人之下，万人之上，毕竟身份悬殊，怎么好直截了当地说一个宰相没有学问呢？于是张咏略微沉吟了一下，慢条斯理地说："《霍光传》不可不读。"

寇准当时听到这句话，并没有立即明白张咏的意思。回到相府后，寇准立刻找出《汉书》，翻至《霍光传》这篇，从头到尾仔细地阅读了一遍。当他读到"光不学亡术，暗于大理"时，突然明白了老友的意思，于是自言自语地说："此张公谓我矣！"（意思是"这大概就是张咏要对我说的话吧！"）

当年霍光任大司马、大将军要职的时候，地位就相当于宋朝的宰相，他为汉朝立下了很多功劳，但是因为学问不高，受圣人的熏陶不足，难免不明事理。霍光的这些特点与寇准的有某些相似之处，张咏说"《霍光传》不可不读"的意思其实就是想借此书告诫寇准多读一些书，多明一些事理，以便更好地辅佐朝纲，因而，寇准读了《霍光传》之后很快便明白了张咏的用意。

反过来想一想，如果张咏的话说得太直，对刚刚出任宰相的寇准来说，面子上肯定不好过，而且这话传出去还会影响寇准的形象。张咏知道寇准是个聪明人，便简单地给了一句"《霍光传》不可不读"的赠言让其自悟，让当朝宰相愉快地接受了建议。

毕竟，谁都爱听恭维的话，你对人说恭维话，如果恰如其分，他一定会十分高兴，对你产生好感。有的人义正词严，说自己不受恭维，愿听批评，其实这是他的门面语，你如果信以为真，毫不客气地批评他的缺点，他表面上或许不会表现出来，但心里一定会非常不高兴，对你的感情只会减淡，绝不会加深。试看古来犯颜直谏的忠臣，有几个不吃苦头的？比如汉朝的汲黯是出名的直臣，武帝是汉朝有名的贤君，汲黯说他"内多欲而外施仁义"，武帝深觉不欢，汲黯因此终身不得意。所以善于说话，是处世的本领，是成功的要素。

由此可见，做人欲常立身，就不能不注意话留三分，低调谨慎。因此，在说话办事的时候，要记住这样一个原则：在任何地方和场合，开口之前必先三思，一定要注意所说话语的内容、意义、措辞乃至声调和姿势。在什么场合应该说什么话、怎么说，是非常值得加以研究的。

社交广场

《弟子规》曰："话说多，不如少，惟其是，勿佞巧。"意思是说，多说话不如少说话，说话要恰当无误，千万不要花言巧语，张扬不抑。因此，说话要分清场合、对象和时机，切不可一吐为快而招致祸端。

在恭维中向对方提要求

当一个小孩怕疼，不愿意打针的时候，如果父母哄着他说："你真勇敢！有的小朋友就不如你勇敢！"这个小孩就会真的以为自己是很勇敢的人，而不再抗拒打针。你承认了他的勇敢，他就会勇敢给你看。

好听的话，小孩爱听，大人也爱听。你想让对方怎么做，就把对方标榜成一个什么样的人。如果一个人在另一个人眼中是无所不能的，那么，他就会尽量表现出自己的无所不能。

王妮请了一名保姆，然后打电话给保姆的前任雇主，询问了一些情况，得到的评语却是贬多于褒。

保姆来的这天，王妮对她说："我打电话请教了你的前任雇主，她说你为人老实可靠，而且煮得一手好菜，唯一的缺点就是理家比较外行，老是把屋子弄得脏兮兮的，我想她的话并非完全可信。你穿得这么整洁，人人都可以看得出你很在行。所以，我相信你一定会把家里打理得井井有条，像你自身一样整洁干净。你也一定会与我相处得很好。"

保姆听到王妮这样说，下定决心一定要好好表现。结果，她们果然相处得很愉快，保姆真的把家里打扫得干干净净，而且工作非常勤劳。

在保姆正式开始工作之前，王妮就给她戴上了一顶高帽——"煮得一手好菜""相信你一定会把家里打理得井井有条""你也一定会与我相处得很好"。这些话保姆当然爱听，因为是对她的赞赏和肯定。而对于王妮来说，她的目的不一定是赞赏保姆，而是对保姆提出自己的期望和要求。当保姆知道自己在王妮心中是这样的好印象之后，她会尽力做到最好，使这种好的形象一直维持下去。

"没有什么你办不成的事！"

"这件事只有你才能完成！"

"我知道你是个责任心很强的人，所以完全相信你！"

"你是我最好的朋友，你绝对不会让我失望，对吧！"

这些话听起来是在恭维对方，实际上是在给对方提要求。其实，这一点，你明白，对方也明白，只不过对方甘愿在你的赞美声中装糊涂。

然而，在恭维他人的时候，很多人常常言过其实，让人感觉受到愚弄，这样就适得其反了。比如，对一个相貌平平的女孩，为了跟她套近乎，你说她美若天仙；对一个不懂专业的人，为了让他多做事情，你说他是个天才，对方显然不会高兴。这样，只会让对方觉得你是一个口是心非、虚伪的人。

社交广场

　　在恭维中给对方提要求，是一种社交技巧。想让对方怎么做，你就朝那个方向恭维他，这样可以满足他被赞美、被崇拜的心理。更重要的是，他会不遗余力地为你办事，努力达到你所恭维的境界。

收敛锋芒，不碰他人短处

耻笑讥讽的语言是一把双刃剑，在伤害别人的同时，也会伤害到自己。

《韩非子·说难》篇中曾对龙作了如此描述：龙的性情非常柔顺，人们可以和它亲近，甚至可以把它作为自己的坐骑。然而，它的喉下有一块长尺许的逆鳞，如果有人触摸了这逆鳞，那么它必然会发怒，以致伤人致死。

其实，岂止龙有自己的忌讳之点，世界上每个人都有自己的忌讳，也就是常说的短处。鲁迅笔下所描绘的阿Q、孔乙己、祥林嫂都是我们所熟悉的人物，他们虽然性格各异，但都有最怕人触动的短处。

阿Q最怕的就是有人说他头上的疤，谁要是犯了这个忌讳，他准会去找人家拼命，小D就曾为此领教过他的拳脚。孔乙己遇到别人揭他的短，他便涨红了脸，强词夺理，竭力争辩。祥林嫂的忌讳是她曾嫁过两个男人，这是她精神上最大的负担和面子上最大的耻辱。她捐过了门槛后，动手去拿供品，但四婶大喊一声，使她旧病复发，精神崩溃了。

人们之所以有忌讳，怕别人揭自己的短处，说到底是自尊心问题，觉得脸面上过不去。所以，你若想获得朋友，就一定不要触碰他们的短处。

程青青是名办公室文员。有一回，部门主任王姐请部门里的同事吃饭，这天王姐穿了件新衣服，别人都称赞"漂亮""合适"，可当问程青青感觉如何时，她直接回答说："这件衣服的确漂亮，但是您身材太胖，不适合。"

这话一出口，王姐的脸瞬间拉了下来，周围大赞衣服如何如何好的人也很尴尬。自这件事之后，同事们都不怎么喜欢她了，有集体活动的时候也把她排除在外，很少就某件事去征求她的意见，王姐对她更是不冷不热的。

大凡有一定修养、品德高尚的人是从不揭人短的，这样的例子在历史上比比皆是。人们对于自己的忌讳，通常极为敏感，由于心理作怪，往往把别人的无意当成有意，把无关的事主动与自己相联系。有时，你随口说的几句话，也很可能被视为对他的挖苦和讽刺，正所谓"说者无意，听者有心"。因此，我们不仅应避免谈论别人的忌讳之点，同时也应注意不要提及与其忌讳之点相关联的事物，以免对方误会，使他的自尊心受到无谓的伤害。

在日常生活中，有很多话并不是我们非说不可的。因此，既没有必要唇枪舌剑，也没有必要信口开河。有些话语，说得多了，不但不会获得任何好处，反而会招来许多是非。

曾有一段时间，有家酒店的饭菜质量非常差。一天，夏女士第一次到这家酒店用餐，在用餐的过程中，望着难以下咽的米饭，她让服务员把酒店的总经理请来，并对其说道："你们的米饭不错，而且花样繁多。"听到她的话语，总经理感到尤为高兴，但在内心深处，他又充满着无限困惑——米饭只有一种，又何来花样繁多呢？或许是夏女士看透了他的心思，便笑着解释道："您看，既有生米粒，又有熟米粒，还有半生不熟的米粒，这不是花样繁多吗？"总经理愣了一下，随后又不好意思地笑了起来，并吩咐服务员立即为夏女士更换米饭。从此以后，在总经理的严厉监督下，这家酒店的饭菜质量得到改观，深受食客的好评。

俗话说："良言一句三冬暖，恶语伤人六月寒。"这句话深刻揭示了言辞在人际交往中的力量。尤其在批评他人时，更需要我们注意言辞的艺术和分寸，因为不当的批评往往容易引发误解和争端，甚至可能伤害到对方的感情。

批评的本质在于指出问题，帮助对方改进，而不是单纯地指责或羞辱。因此，批评者应该立足于善意和关怀，以建设性的态度去表达自己的观点。在批评时，我们应该避免使用过于尖锐或带有侮辱性的言辞，而是应该尽量用婉转、温和的语气来传达自己的意思。

把握好批评的分寸是至关重要的。这需要我们根据具体情况来判断，既要让对方意识到问题的存在，又要避免过度指责或夸大其词。我们可以通过提出具体的建议或解决方案来帮助对方改进，而不是仅仅停留在指出问题的层面。

同时，我们还需要注意批评的时机和场合。在公共场合或对方情绪不稳定时批评，往往容易让对方感到尴尬或愤怒，从而影响批评的效果。因此，我们应该选择一个相对私密的场合，在对方情绪稳定时进行批评，这样更容易让对方接受我们的观点。

此外，批评者还需要具备一颗宽容的心。我们应该理解每个人都有自己的优点和不足，批评的目的是帮助对方改进，而不是为了打击或羞辱对方。在批评时，我们应该保持耐心和理解，给予对方足够的空间和时间去思考和调整。

社交广场

在与人谈话的过程中，切记莫要让人听出你有丝毫傲气、瞧不起人的感觉。即使你在事业方面取得了一定的成绩，或拥有一些特殊优势，也不能自以为高人一等，时时摆架子，只图自己痛快，而不顾他人的感受，否则迟早会因为失语而殃及己身。

巧妙拒绝，不伤他人的面子

在生活中，每个人都可能会面临拒绝别人的问题，拒绝他人有时候需要一些应变的艺术。有些人因为难以拒绝别人的要求，于是连那些自己做不到的事情也应承了下来，而使对方的期待落空，以致破坏了彼此之间的友谊。这种例子屡见不鲜。然而，如果不懂得拒绝的技巧，过于直接地拒绝对方，也会影响双方的关系，甚至被人误会并结下仇怨，使自己陷入十分不利的境地。所以，学会巧妙地使用拒绝的话语来拒绝对方是非常重要的。

当别人提出不合理要求时，如果你直来直去地拒绝对方，会让对方觉得你没有顾及他的面子，认为你不尊重他，进而对你产生不满情绪，你很可能会因此而多了一个敌人。所以，拒绝别人时一定要讲究方式、方法。

孙嘉怡在一家医药公司做销售代表，她聪明能干，销售业绩节节攀升，因此大受上司、销售部赵经理的青睐。一天，孙嘉怡遇到了一个苛刻的大客户，谈判的时候由于对方压价太狠，使谈判一下子陷入了僵局。孙嘉怡有着绝不轻言放弃的性格，中午休息的时候，她一遍又一遍地研究对方的资料，思考对策，终于和这位客户达成了协议，成交了一份数额巨大的订单。下班的时候，赵经理说要请她吃饭，庆贺她的成功。

孙嘉怡因为谈成了一笔大单也非常开心，毫不犹豫地就答应了。她本来以为还会有其他同事，吃饭的时候才发现就他们两个人。孙嘉怡有点尴尬，但是也没多想。吃饭的时候，两人聊了很多，她发现赵经理是个非常幽默的人，聊起天来趣味无穷。

吃过饭，赵经理说天还早，邀请孙嘉怡去KTV唱歌，她推辞了一下，但还是答应了。后来，赵经理便经常请孙嘉怡吃饭、打保龄球，多半是借口庆祝孙嘉怡的出色表现和业绩。有时孙嘉怡并不想去，但看到他那诚恳的眼神，又想想他是自己的上司，不好意思拒绝。时间久了，孙嘉怡发现有人在私下里议论她和上司之间的关系不简单。

这其中不乏对孙嘉怡的出色表现心怀妒忌者。对于这些流言，赵经理听后淡淡一笑，孙嘉怡却苦恼不已。相恋两年的男友听到传闻后也对她产生怀疑，再加上孙嘉怡平时工作忙，经常不得不推掉与男友的一些约会，男友便怀疑好强的孙嘉怡一定是利用了上司才做出那么骄人的成绩的。无论孙嘉怡怎么解释都没有用，于是两人大吵了一架。

一次，赵经理又约她下班后活动，孙嘉怡说："赵经理，每次都是我们两个人，实在没意思，您要请客的话就带上大家吧，怎么样？再说公司的人也好久没聚会了。"

听了孙嘉怡的话，赵经理有些为难。如果不同意呢，好像他只为讨好孙嘉怡，而忽略公司的其他人；如果同意呢，又有违自己的"初衷"。不过最后他还是同意了，这样一来，同事们对孙嘉怡的闲言碎语也少了很多。

过了一段日子，赵经理又约孙嘉怡，孙嘉怡说："赵经理，您的好意我心领了，我能取得这样的成绩离不开您的教导，可是最近我发现我的业务水平有所下降，这段时间我要好好地给自己充下电。"孙嘉怡又一次委婉地拒绝了赵经理的邀请。

这样拒绝了几次之后，赵经理也明白了孙嘉怡的意思，渐渐地也不再自讨没趣了。

在面对上述案例中同类情况的时候，一些人往往因为担心拒绝上司会令上司不悦，进而可能在未来的工作中为难自己，影响个人的职业发展前景，所以通常选择被动地接受。而会说话的孙嘉怡懂得在职场中生存要会变通，更要坚守一定的原则。工作中应该学会服从上司的安排，但在其他方面更要学会以诚相待，不卑不亢。

在生活中，如果你遇到让自己为难的事情，千万不要因为不好意思拒绝而委屈自己，否则你的生活就会少很多乐趣。最好的做法就是仔细斟酌，权衡一下。如果觉得答应对方的要求将给自己或其他人带来伤害，那你就应该当机立断予以拒绝，千万不要为了面子上过得去或不让对方扫兴而做违心的事。

社交广场

拒绝别人时，千万不要过于生硬，一定要采取妥善的方法：先真诚地表明自己的态度，想办法缓和对方对"不"的抗拒感，同时顾及对方的自尊，给对方台阶下，让对方明白你的处境，从而降低对方对你的期望。

第三章

/

修炼处世气场，
女人社交才能不冷场

自我解嘲，也是化解尴尬的一种智慧

日常与人交流时，我们偶尔会遇到让自己尴尬的场面。有时是对方有意依仗亲密的关系公开揭你的短，或讲述你过去的傻事；有时是对方无意地、不知不觉中说出了你的隐痛。这时，你如果真的动气，别人还会说你没有涵养。面对此种情况，我们该如何应对呢？

在这里，我给大家提供一个很好的应对方法，那就是自我解嘲。自我解嘲是在自己尴尬的处境下，诙谐地自我嘲讽。在人际交往中，它可以协调人与人之间的紧张关系，表现自嘲者幽默风趣的个性。

然而，自嘲者的本意又并非止于自我嘲弄，多有"醉翁之意不在酒"的意味，具有表里相悖、言此意彼的特点。自嘲在交际中具有特殊的表达功能和使用价值，可以起到一般表达起不到的作用。作为一名女性，当你陷入尴尬的境地时，借助自嘲往往能使你从中体面地脱身。

著名女星梅洛伊，以风趣幽默的谈吐，给众人留下了无数欢乐

的回忆。也许是觉得娱乐圈太辛苦，梅洛伊在事业巅峰期选择了急流勇退，最终成为一位儿孙绕膝的老奶奶，其最大的变化是体重的增长。一次，有位名叫查理的主持人采访梅洛伊，其间对她开玩笑说："我注意到你现在很少去游泳了，是不是担心自己的身材吓到孩子们？"梅洛伊仍然不改当年的风趣幽默，一本正经地说："查理，你知道的，我并不关心这个。我只是听说，那个该死的游泳场里，没有一个适合我尺码的救生圈。"就这样，梅洛伊以自我解嘲的方式巧妙地让自己走出了尴尬。

事实上，在大多数时候，当对方的话语有意无意地冒犯了你，使你处于尴尬的境地时，你千万不要把时间花在思考对方抱有什么目的，为什么跟你过不去上，更不能假设什么"深仇大恨"。这个时候，最好的办法就是自我解嘲。因为对方可能是出于个人的说话习惯，对谁都这样，你若激化矛盾就不好了。

另外，尴尬局面的出现往往是刹那的事情，如果你不够镇静，大惊失色，那只会乱上添乱。因此，遇到这样的场合，首先要做的就是保持镇静，然后随机应变，机智巧妙地应对尴尬。

很多年以前，有一位女歌手在演唱会结束谢幕时，没走出两步便被麦克风的电线绊倒在地，华丽的服装、姣好的容貌与当时的狼狈形成了强烈的对比。场下观众一片哗然。

然而，这位女歌手并没有慌张，她急中生智，站起来拿起话筒说："我真正为大家的热情倾倒了！"顿时，杂乱的声音被一阵阵的笑声和掌声代替了。

女歌手用自我解嘲的方法很好地挽回了自己的面子。在工作与生活中，有些女性因为过于害羞，一遇到尴尬之事，便不知如何是好，只懂得匆匆溜掉，有的甚至掩面而泣。其实，女性因自己的失误而处于尴尬的境地时，最聪明的做法是：多些调侃，少些掩饰；多些自嘲，少些自以为是；多些低姿态，少些趾高气扬。

社交广场

鲁迅曾说："我的确时时解剖别人，然而更多的是更无情面地解剖我自己"。解剖自己需要勇气，自我解嘲同样需要勇气。一个敢于自我解嘲、懂得自我解嘲的女人，必定是一个自信的、人际关系良好的女人。

幽默风趣，展现你的睿智

　　如果语言是心灵的桥梁，那么幽默便是桥上行驶得最快的列车。它穿梭在此岸与彼岸之间，并以最快捷的方式直抵人的心灵，提升你在对方心目中的分量。幽默能沟通心灵，拉近人与人之间的距离，填平人与人之间的沟壑，是和他人建立良好关系不可或缺的黏合剂。尤其是当一个人要表达内心的不满时，如果能使用幽默的语言，别人听起来也会比较顺耳；当一个人想要把别人的态度从否定变为肯定时，幽默是最具说服力的语言；当一个人和他人关系紧张时，即使在一触即发的关键时刻，幽默的语言也可以使人摆脱不愉快的窘境或消除矛盾……

　　同样的一句话，如果用平平常常的方式表述出来，会让很多人充耳不闻，甚至心生反感；而如果用风趣幽默的方式表述出来，不仅可以让人心情大悦，而且能够使对方愿意给出积极有效的回应，同时也会给人留下深刻的印象，从而为建立良好的人际关系、成就非凡事业打下良好的基础。总之，培养风趣幽默的语言习惯，对我们的生活和工作都会起到很大的积极作用，每个女人都应该予以足够关注。

　　宋灿到一家饭店吃饭，点了一只油焖龙虾。结果菜端上来后，宋灿发现盘中的龙虾少了一只虾螯，于是就询问服务员。服务员无法解释，只好找来了老板。

　　老板抱歉地说："女士，真对不起，龙虾是一种残忍的动物。您点的龙虾可能是在和它的同伴打架时被咬掉了一只螯。"

　　宋灿巧妙地说："那么，就请给我调换一只打胜的龙虾吧。"

　　老板欣然答应，马上安排后厨为宋灿更换龙虾。

　　案例中的老板和顾客都用了幽默的方式，幽默地沟通了双方存在的分歧。这种方式没有取笑他人，没有批评他人，也没有伤及他人的自尊，老板保护了饭店的声誉，顾客维护了自己的利益。

　　其实很多时候，幽默不仅可以帮助别人摆脱困境，同时也可以给自己一个台阶下。这个时候你所赢得的称赞往往不是赢在语言功夫上，而是赢在个性魅力上。最重要的是，幽默不但能帮我们化解很多矛盾，还能帮我们赢得很多朋友。

　　幽默的魅力就在于：话不需直说，但却让人通过曲折含蓄的表达方式心领神会。

　　林佩是位刚刚成名的女作家，她的小说很受人喜爱，所以她在新书发布会上受到了很多人的追捧。

　　但在发布会的台下，一个男人对林佩很不服气，当众走到她面前，很不友好地说："你的作品写得真好，不过，请问是谁帮你写的呢？"

很明显，这个如此无礼的家伙是故意来闹事的。发布会的气氛顿时变得紧张，所有的声音突然消失，读者们面面相觑，场面很尴尬，大家都不知道接下来会发生什么样的事情。

然而，林佩并没有表现出很尴尬的神情，也没有生气，反而面带微笑，礼貌地回答道："谢谢您对我作品的夸奖，不过请问，是谁帮您看的呢？"

林佩的反问让那个人哑口无言，灰溜溜地走了，台下响起一片掌声。林佩在智慧的幽默中赢得了这场"战争"。

实际上，风趣幽默是以灵活机智的头脑为基础的，我们与其说是在培养风趣幽默的交流习惯，不如说是在培养灵活机智的头脑。原因很简单，风趣幽默的谈吐和行为需要不断地转变思路，这是一种不按常理出牌的典型表现。如果能够养成这样一种习惯，自然能够让我们在面对某个难题的时候不拘泥于某一种思路，从而及时做出有效的应对措施。

社交广场

通过适当的思考和修炼，任何女性都可以在社交场合表现得风趣幽默，为自己增添魅力。当然，风趣幽默也需适度，并且运用时要注意区分对象。如果我们总是随意向别人"抖包袱"，那也会自降身价和自毁魅力。

随机应变，把话说得恰到好处

说话是人们交流信息、传情达意的一个重要手段。在现代社会，人们也越来越重视"说"的作用了。比如在竞争职位、应聘面试、推销业务等场合，拥有好的口才，能把话说得恰到好处，往往更容易取得成功。

曾经在一场选美大赛的决赛中，主持人问入围的一位佳丽："假如要你在肖邦和希特勒这两个人中选择一个作为你的终身伴侣，你会选谁？"这时的比赛已经进入了白热化阶段，而这个选手在前面的环节中表现一般，所以这个问题能否回答好对其比赛结果至关重要。

这位佳丽心想：如果选择了肖邦，就会落入俗套，显示不出自己有什么与众不同的地方；但是如果选择希特勒，回答不慎的话就有可能会招人批评甚至谩骂。沉静片刻后，她果断地回答道：

"我会选择希特勒。"主持人和台下的观众都感到很惊愕，追问为什么。这位小姐巧妙地解释说："我希望自己能感化希特勒。如果我嫁给他，也许第二次世界大战就不会发生，也不会死那么多人了。"

这位选美小姐的机智巧妙的回答让自己尴尬的状况一下子扭转过来，不但使她摆脱了困境，更暗示了她是一位不同凡响的女中豪杰。果然，此言一出，台下掌声雷动。虽然这位小姐不是台上所有佳丽中容貌最出色的，但是她所获得的掌声肯定是其他人不能比拟的。而这恰恰就是一个会说话的女人所拥有的巨大魅力。

当然，在生活中，我们说话多是为了表达自己的主张，每个人都有自己的思想和见解，有自己看问题的独特角度，受知识、阅历、年龄等的限制，在对同一问题的认识上，也是仁者见仁、智者见智，不同的人会得出不同的结论。因此，在交际场合中，我们更需要学会随机应变。

在一次辩论比赛中，主持人问："三纲五常中的'三纲'指的是什么？"一名女生抢答道："臣为君纲，子为父纲，妻为夫纲。"她的回答恰好颠倒了三者的关系，引起哄堂大笑。当这名女生意识到答错后，她将错就错，立刻大声说道："大家不要笑，当今时代封建的旧'三纲'早已过时了，我刚才说的是新'三纲'。"主持人问："什么叫作新'三纲'？"她说："现在我国是人民当家做主，上级要为下级服务，领导者是人民的公仆，岂不是'臣为君纲'？当前很多独生子女是父母的'小皇帝'，家里大小事都依着他，岂不是'子为父纲'？在许多家庭中，妻子的权威远远超过了丈夫，'妻管严'现象比比皆是，岂不是'妻为夫纲'吗？"她的话音一落，场上掌声四起。大家为她的言论创新叫绝，更为她的应变能力叫好。

社交广场

身处窘境时，沉着稳重更有助于化解尴尬的局面。这就要求我们必须善于发现问题的突破口，从中找出相应的对策，并且随着事情的变化不断调整应变的策略。

用最快的速度弥补语言上的失误

人有失手，马有失蹄。人失手了可以重新来过，马失蹄了可以再站起来，而人失言了可以用妙语去弥补。会不会及时弥补自己的失言，结果是大不一样的。

谢云被调派到分公司工作了半年，一回到总公司，就立刻去问候以前很照顾自己的王科长。对王科长过去经常不辞辛苦地跑到分公司给予指导的事，谢云一直反复地致谢，可是，不知怎么回事，对方的反应并不是很热情。

谢云纳闷地走出门，在跟一个同事聊天的过程中得知王科长已经升为副处长了。谢云恍然大悟，知道自己说错话了。人家已经升职，而自己依然用以前的职位称呼他，自然会让对方的心里不舒服。谢云非常后悔没有事先确认对方的职位是不是已经有所变化，以致失了言。但是，说错的话已经收不回来了，如何是好呢？

谢云想了一下，立刻返回到王副处长的办公室，开口说："王处！真是恭喜您了！您也真是的，刚才也不告诉我一下。我一直在分公司，消息也不灵通。不过，错漏您升职的消息总是我的不是，真对不起，请您务必原谅！"

谢云虽然失了言，但是她事后及时补救，并送上衷心的祝贺，王副处长心中的不快自然也就化解了。如果你犯了类似无心之过，也可以先恭维对方一番，然后再真诚地分析你的失误，表明歉意。就算对方心中有什么不快，也会烟消云散的。

在与人交往的过程中，如果想要彼此都保持愉快的心情，就要在话语出口前进行充分考虑，确保全面顾及听者的感受。然而，有些女人说话常常不经仔细思考，只顾自己把话说完，而忽略了对方听后所想，结果无意中得罪了别人，却还不自知。

就算我们平日里十分谨言慎行，也难免会在特殊情况下说出一些欠思量的话，以致让人误解。所以，我们需要掌握一些相关的补救方法，以确保自己不会在无形中得罪他人。

1. 诚挚道歉法

这种方法是最简单和最直接的选择，尤其适用于表达经验尚有不足的年轻女性，一句轻声的"对不起"，不仅可以及时扭转尴尬的局面，也可以让众人看到自己的诚意，很容易就可以得到原谅。比如，当说错话时，我们可以说："对不起，我想我的表述有些不准确，我真实的想法是……"

2. 转义解释法

我们所说的每句话，基本上都可以"开发"出第二层含义，有时候甚至可能被完全相反地理解。因此，在出现口误被误解的时候，我们可以立即把表达重心引向另一层释义，以便"起死回生"，化解窘迫的境地。比如，一个身形很胖的朋友穿了一件标准板型的衣服询问我们的意见，我们也许会顺口说："这也太不搭了！"话一出口，朋友的脸色可能就会有所变化，这个时候我们可以进一步说："我觉得只有那种足够大气的衣服，才能体现出你的气场。像这种比较标准化的服装，还是留给那些'衣服架子'穿吧。"

3. 将错就错法

这种方法是指在出现口误后不道歉、不解释，而是在自己说错话的基础上开发出新的话题。如果操作得当，不仅不会造成尴尬，还会收到意想不到的效果。比如，我们看到一个女性化非常明显的名字时，可能会习惯性地在后面加一个"小姐"或者"女士"的称谓，可等到对方站起来时，才发现是一位男士。这个时候我们可以说："原来如此，怪不得×先生长得如此清秀，相信您肯定有不少追求者。"

4. 借此转移法

这种方法是以自己的口误为跳板，简单地解释或致歉后，立即转移到其他吸引人的话题上。比如，我们看到某人的名字为"丰田羽"，可能会习惯性地认为对方是一个日本人，而对方实际上只是姓"丰"，是地地道道的中国人。这个时候我们可以说："不好意思，您的名字让我想到了丰田汽车。我刚刚注意到您的车子也是丰田。怎么样？这个牌子的汽车好开吗？"

5. 自我解嘲法

自我解嘲从来都是典型的幽默的表现，很多时候能够为我们的人际交往带来帮助。如果我们不慎出现口误，自我解嘲也是一种不错的挽回方法。比如，我们在讲话的过程中说错了话，可以这样自我解嘲："哎，今天早上出门又忘记吃药了。各位，请原谅在下的不慎吧！"

社交广场

在为人处世当中，说话的方式是要有所讲究的。在声量控制、遣词用句等方面都要格外谨慎小心，否则很容易被他人误解甚至借题发挥。

维护关系，善于为周围的人打圆场

打圆场，是指交际双方因为某种原因产生误解、不快、尴尬或即将引发不必要的争端时，第三者及时地出面，把此事向好的、有利的、愉快的方面加以解释，以促进人际关系的和谐，把双方的矛盾扼杀在摇篮中的一种方式。打圆场辞令，就是在这种解释中所运用的机智的、巧妙的、灵活的、幽默的，并让双方都能接受的恰当得体的语言。

在日常生活中，如果你善于为周围的人解围、打圆场，使他们不至于陷入尴尬之境，使事情出现转机，那么，你就可以获得更多人的赏识和信任。

人们在交际活动中陷入窘境，常常是因为在特定的场合做出了不合时宜、不合情理的举动，而旁人又往往不便直接指出这种举动的不合理性，于是进一步导致了整个局面的尴尬。在此情形下，最行之有效的打圆场方法莫过于找一个视角或借口，以合情合理的依据来证明对方的举动在此时是正当的、无可非议的。这样一来，尴尬解除了，局面也得以挽回。

还有一些时候，面对一些突如其来的窘境，在当事人无法解释、无力摆脱与无可奈何的时候，第三者往往可以跳出固有的思维定式，从问题、事物或事件的反向去思考，做出让对方欢喜、满意的解释。这也是打圆场辞令中较高层次的方法。

李芳去美国探亲，她的大姐夫在西雅图开了一家餐厅。一天，她正帮大姐洗碗时，忽然听到店堂里传来一阵喧闹声。原来，餐厅为招揽生意，每当客人离座时就会送上一盒点心，内附精致"口彩卡"一张，上印"吉祥如意""幸福快乐"等吉利话。

眼下店堂里有一对新婚夫妇，他们婚前就是店里的老主顾。新婚这天，他俩满怀喜悦地光顾。可是，他们回到家后打开点心盒时，发现竟没有往常的"口彩卡"。他们认为这件事很不吉利，便来"兴师问罪"。新郎还算克制，只是追究原因，新娘却委屈得快要落泪了。李芳的大姐不断地赔礼道歉，仍无济于事。李芳不慌不忙地走到大姐跟前，一边微笑着，一边用不熟练的英语说："No news is the best news."（没有消息就是最好的消息。）一句话使新娘破涕为笑，新郎也顿时喜上眉梢，高兴地和她握手拥抱，连连道谢。

这句平息风波的妙语就是反向思考的结果。没有吉利的话，这当然不好，但是否就是绝对的不好呢？反过来想一下，就想到了美国的一句谚语"没有消息就是最好的消息"，妙语一下子就找到了，而且因此引起的麻烦也自然消除了。

在交际活动中，交际的双方彼此缺乏了解或者种种突发事件的存在，往往会导致尴尬或僵持场面的出现，这时候如果没有人站出来打圆场，那么就很可能引起一方或双方的不快，干扰事情的正常进行，甚至影响彼此的关系。由此可见，在交际中把握对方的心理，审时度势，然后凭借恰到好处的解说来化解尴尬僵局，这确实是一项值得女性朋友们重视的能力。

社交广场

作为圆场之人的你，一定要用理解的心情，找出尴尬者陷入僵局的原因，想出好的圆场方法，最终达到"你好、我好、大家好"的和气收场目的。

10招巧妙应对令人讨厌的交谈

人与人之间若是都能敞开心扉，畅所欲言，那的确是一种精神上的享受。但并非事事尽如人意，有些交谈就令人厌烦，想躲避又躲避不了，不躲避又如坐针毡。作为女性，处在这种情况之下该怎么办呢？现在就教你如何应对令人讨厌的交谈。

1. 对打探隐私者，要答非所问

任何人都有隐私。在每个人的内心深处，都有着一块不希望被人侵犯的领地。可是有些人出于好奇，每次都要问你"年龄几何""收入多少""夫妻感情如何"等让人不想回答的问题，这种人不知谈话的要领与忌讳。

遇到探人隐私者，不能有一说一，有二说二。对待探人隐私者最好的办法就是答非所问。如果他问你"谁是你晋级的后台"，你就说"全托您的福"；如果他问你"奖金多少"，你就说"不比别人多"。总之，对于对方的提问不是不回答，而是答非所问。这样既不会得罪对方，又不会让对方的目的得逞。

2. 对唉声叹气者，要注入活力

有些对前途悲观的人谈话时常以自我为中心，往往不断地大诉苦水，接连地唉声叹气，使交谈的人听也不是，不听也不是。人活在世上，不如意之事十有八九。与这种人进行交流，要给其注入活力，增其信心。在唉声叹气者的心里，他们并不认为自己的能力差、抱负小，相反，他们强烈地希望得到他人的肯定。与他们进行交流，应该恰当地肯定他们的特长，称赞他们的成绩，给其注入蓬勃向上的活力。这样的话，他们会非常愿意亲近你，并且对你充满感激。

3. 对说人是非者，要"哼哈"过之

说人是非者，既然在你面前说他人的坏话，自然也会在他人面前说你的坏话。远离这种人的办法是对他说的任何是非话题都做出冷淡的反应，从而让他知"错"而退。在某些情况下，"哼哈"可以说是一种不可小视的处世技巧。所以，与说人是非者进行交流时，哼哼哈哈不失为一种好办法。因为"哼哈"是一种模糊语言，既会让说人是非者感受到你的成熟，又会让他觉得这个话题无法再交流下去，从而终止谈话，或者使谈话朝着健康的方向发展。

4. 对喋喋不休者，要巧妙提问

与人交谈时，人们往往讨厌那种长篇大论说个没完没了的人。有些人说得多，但却说不好。他们不但天文地理能谈，男女之间的情感纠葛也能谈；他们眉飞色舞，表情丰富；他们滔滔不绝，从不觉得累，也从不顾及听者的感受。

遇到喋喋不休者，既不伤及对方感情，又能让对方少说的法子就是

巧妙地提问。一是根据他说的话题提一些他难以回答的问题，让他不知怎么回答。二是提一些与当前话题无关的问题，如："打扰一下，现在几点了？"这样一来，对方会感到有些不好意思，从而停下来，使你腾出时间来干一些有益的事。

5. 对啰唆的说教者，要善于聆听

有些人喜欢对他人"谆谆教诲"。这种人往往自以为是，居高临下，盛气凌人。他说的十句话中你可以找出"你应该""你必须""你不能"之类的词语七八处。啰唆的说教者虽然令人生厌，但对你没有坏处，有时还有益。一是你可以吸取其中有益的说教，二是对提高你的情商有好处。因此，和他们交流时要善于聆听。只要你没有急需办的事情，不妨静下心来听一听，记一记。

6. 对自我炫耀者，要幽默风趣

有些人见到他人一张嘴便是"我人缘好"，一出口便是"我能耐大"。但自我炫耀者既是个自卑者，又是个自负者。

这种人常常外强中干，其吹牛的目的只不过是引起大家对他的关注，以满足自己的虚荣心。这种胡乱吹嘘者给人一种巧言令色、华而不实之感。和他们进行交流，正确的方法是用幽默风趣的话语作答。对他说的大话，你不能加以肯定，肯定了他会以为你是个不可信之人；对他说的大话，你又不能加以驳斥，驳斥了他会以为你是个不可亲近之人。正确的做法是幽默作答，似是而非，嘻嘻哈哈，一笑而过。

7. 对灭人志气者，要攻其痛处

有些人说话，言辞尖刻、辛辣，不顾及别人是否接受。这种人往往能言善辩却"茕茕子立，形影相吊"，让周围人敬而远之。与他交谈，

一味顺承会使他变本加厉。最好能抓住机会攻其痛处，如他过去的愚蠢、无能、可笑的事迹，或者他话语中的漏洞、用词不当，使其心中产生不快，从而意识到自己的错误举动，管住自己的嘴。

8. 对嚣张好斗者，要句句真理

当你正与人谈得兴高采烈时，可能会插进来一位"杠子头"，对你横挑鼻子竖挑眼，立刻使交谈的气氛充满火药味。此类人多认为自己高人一等，无事不通、无所不能，以真理的化身自居，气势咄咄逼人。这种人一旦对你怀有成见，就会处处跟你唱对台戏。遇到这种情况，就要做到使自己的每一句话都成为无懈可击的真理，这样对方就无法攻击你了。用不了多长时间，"憋得难受"的对方就会主动"告退"。

9. 对满口假话者，要纠正其一

有些人说起谎来丝毫都不会感到内疚。他们撒谎可能是为了掩饰自己、标榜自己、美化自己，可能是觉得你的辨别能力很差，从而摇唇鼓舌，胡说乱扯。与他们交流应该懂得"攻其一点，崩溃全线"的战略战术，抓住假话中的一项，有把握地提出反对意见。这样一来，对方就会觉得羞愧，那种神采飞扬的气焰立刻就熄灭下去了。这种攻其一点的做法既不会伤及他的自尊心，又会让他对自己撒谎的毛病有所认知。

10. 对俗不可耐者，要适当指教

有些人为了给他人留下一个好的印象，便让自己的话语堆满华丽的辞藻，乱用一些专业术语，显得矫揉造作，华而不实；有些人日常说话粗鲁不雅、废话连篇、乏味单调，某句话可以重复十遍，某件事可以询问九次。他们多是知识面窄、社交力差者，心中常有一种自卑感。因此，和俗不可耐者交流，要进行适当指教。说出一两句正确做法、注意

事项，满足他们的需求，但又不能过多指教，免得伤了他们的自尊心。

社交广场

作为一个能言善辩的现代女性，无论一个人的言谈多么令你反感，你也应该努力保持自己的良好形象。巧妙地利用一些技巧，为自己轻松解围，才是一种聪明的选择。

第四章

/

**女人懂点"读心术"，
轻松看懂他人心**

学会用眼睛"倾听"他人的心灵

交流沟通，就是交流的双方通过有效的方式去传递自己所要传递的信息，理解对方所传递出来的信息。

心理学家阿尔伯特·梅拉比安告诉人们这样一个公式：信息传播总效果=7％的语言+38％的语调语速+55％的表情和动作。这个公式充分说明了在人们交流沟通的过程中，身体语言所起到的重要作用。而这也要求我们在与人交流沟通的时候，不仅仅要用嘴去说，用耳朵去听，还要学会用自己的表情、动作去"说"，用眼睛去"倾听"。

可惜的是，人们在日常交往的过程中，往往仅注重用嘴巴去说，用耳朵去听，而忽略了其他。

例如，你是一名销售人员，前去拜访一位客户，你们在客户的办公室交谈了很长一段时间，对方好像对你所推销的产品或者提供的服务很感兴趣。可是当你想要对方做出决定的时候，对方却说："我再考虑考虑，到时候会通知你的。"

仅仅从对方的答复中，你很难判断出对方的真正想法。因为他的答复，既可以是他的一种委婉拒绝，也可能是他真的需要时间来进行考虑。而你判断的依据，就是当你在与对方交流沟通的时候所观察到的对方的一举一动，正是这些告诉了你他内心的想法。你所得出的结论是你耳朵听到的和眼睛"听到"的相互结合的结论。

在生活中，我们只有学会用耳朵去倾听的同时，加上用眼睛去"倾听"，才有可能真正明白和体会到对方所要表达的真实意思。否则的话，很有可能会迷失在他人表面的语言里。

　　在上海打工的小雅最近失业了，因为身处异乡，所以她在失去了经济来源之后，生活变得十分困难。迫不得已，她准备向原来在一起工作的老乡王姐借一些钱。

　　借钱是一件不好开口的事。小雅在见到王姐之后变得吞吞吐吐。王姐问她找自己有什么事。小雅犹犹豫豫，掩饰说"只是聊聊天而已，没事"。

　　可是，王姐却从她的一些言行举止中发现了她的困难，并主动提供了帮助。

从这个事例中，我们再一次知道了：别人所说的话其实并不是简单的表面含义，他们在说话的同时会出现一些眼神、肢体动作等，正是这些可以帮助我们理解他人说话的真正意图。

由此，我们可以得出这样一个结论：人们在表达自己的真实意图时，往往会同时借助语言、表情和肢体动作等。我们在与他人交流沟通时，不仅仅要学会用耳朵去听对方所说的话，同时要学会用眼睛去观察对方的表情和肢体动作所传递出来的无声语言。只有这样，我们才能更加全面、真实地了解到对方的意图，才能与对方进行有效的沟通。

当然，他人在与你交流沟通的时候，也往往是通过这种方式来了解你的。因此，如果你真的想要成为交流沟通的高手，成为受他人欢迎的人，就一定要在用耳朵倾听的同时学会用眼睛去"倾听"，并且在用嘴说话的同时，学会用表情和动作"说话"。

社交广场

当你在与他人进行交流沟通时，即使对方不说话，你也可以凭借对方的身体语言来探索其内心的秘密。这就需要我们学会用眼睛细心地"倾听"，观察对方身体语言告诉你的信息。

表情，尽显他人思绪波澜

表情是情绪的外部表现，是由躯体神经系统支配的骨骼肌运动，是感情活动的外显行为。表情反映的是人的心理。在许多时候，我们可以通过观察一个人的面部表情来看透他内心的真实想法。

谢瑶，一位久经商场的职业女性。一次，她应邀出席了一场与关键客户李总的商务午餐。席间，尽管两人就即将展开的合作项目进行了初步的探讨，但谢瑶敏锐的直觉让她捕捉到了李总微笑背后隐藏的微妙情绪。

李总的笑容虽挂于唇边，却如浮光掠影，转瞬即逝，显得颇为客气。每当谈及合作的核心条款时，谢瑶观察到李总的眼神会不经意地闪烁，甚至偶尔游离于对话之外，匆匆扫过周遭环境，仿佛内心正经历着某种权衡与考量。尤为显著的是，当话题转向合作的预期成果与收益时，李总的下巴肌肉不经意间微微紧绷。这一细微的动作，在谢瑶眼中，无疑是对潜在压力与挑战的微妙反应。

谢瑶立即意识到需要调整沟通策略。她巧妙地将话题引向更为轻松与积极的方向，通过分享几个精心挑选的成功合作案例，生动展现了双方合作带来的双赢局面。同时，她以真诚而开放的态度，适时邀请李总分享个人的见解与顾虑。

午餐时间接近尾声时，谢瑶惊喜地发现，李总的态度已发生了显著的变化，他主动提议就合作的细枝末节进行更为深入的探讨，并毫不吝啬地表达了对谢瑶及其团队专业能力与诚意的高度认可。

在生活中，人们如果对他人的言行真伪存在怀疑，最习惯的办法就是观察对方脸上的表情。毫无疑问，此时的表情也就成为鉴定真假的测谎仪。

这是由于人们在进行言语交谈时，并不一定会完全说出自己的真实想法。所以，交际的质量就会大打折扣。这时候，表情可以帮助交际的双方正确理解各自的真实意图。因为多数表情是生理性的，不受意志支配。一个人想隐瞒真相时，就会使有声语言偏离真实意图，这时候他的神态就可能背叛他，把被有声语言掩盖的真实意图揭露出来。

比如，有的人在谈论自称是让他快乐的事情时，脸上露着欣慰的笑；但是，如果他的感受是假的，很可能会有一种别的什么神态飞快地掠过脸上，或者出现在眼睛里。这种短暂的瞬间表情，就是被蓄意隐藏了的。

另外，人们在口是心非的整个过程中，身体的潜意识也会散发出一种紧张的能量，从而使口中所说的语言与脸上的神态互相矛盾。有的人会刻意地通过微笑、眨眼、做鬼脸来做掩饰，殊不知，他的这种故意为之的身体语言无法和原本该有的神态达成一致，在不经意间致使自己的谎言败露。

社交广场

表情是内心活动的写照，透过表象可以窥探心灵的律动，把握情绪变化的尺度，了解感情互动的根源。表情就是传递这种信息的显示器，它可以为我们显示对方的心态、性格与意图。

下意识的小动作最能反映人的内心

人们在日常生活中的小动作是在长期的生活中无意识地形成的，因而带有明显的个性色彩。那些识人高手往往能够通过观察这些小动作，瞬间把握一个人的内心动态。所以，我们可以通过观察一个人的一举一动来了解其内心。

1. 咽口水

当你遇到一个陌生人或者当你告诉某人在你身上所发生的好消息的时候，不管他嘴里说了些什么，如果出现了艰难的吞咽动作，这已经准确无误地泄露了一个信息——他此时此刻遇到你，并不是他最高兴的事情。

某位小说家在其作品中曾有如下描述：

"哎呀，我真为你感到高兴，"杰西说着，咽了一口口水，"你就要有孩子了，真是太棒了！太让人兴奋了。"她说着，又咽了一口口水。

单调的语气、费劲的吞咽都表明了杰西并不是真心地为她的朋友就要有孩子而感到高兴，你可以清晰地感觉到，其实她的内心很妒忌。因为震惊，她的神经系统开始起作用。她的嘴唇发干，所以她要拼命咽口水使自己不要被忌妒哽住喉咙。

2. 打哈欠

通常我们会认为，当自己说话的时候别人打哈欠，表示的仅仅是对方对我们所谈论的内容感到厌倦。但心理学家认为打哈欠还有更深层的含义，它可能是一种不愿面对困难、痛苦以及紧迫问题时的逃避办法。

一位心理医生讲过这样一个故事：

曾经有一个来访者，她的儿子在学校里是个"坏孩子"，总是逃课，经常违反校规校纪，所有人都在担心他会变成少年犯。当这位来访者谈论起她的这个"坏儿子"，并且当他们谈论起她的母亲角色的时候，她总是会打哈欠。殊不知，她打哈欠这个动作透露出了她的内心想法，即她无法解决她儿子的问题，因为她是一个过于溺爱孩子且不称职的母亲。

3. 松开衣领

松开衣领一般都是撒谎者为了缓解紧张情绪时下意识所做出的动作。当然，有时天气过热也会让人采取相同的动作。

4. 拉耳朵

撒谎者经常在对方可能会责难时做出拉耳朵这个动作。

社交广场

　　人们日常行为中的很多动作都是未经修饰而自然流露出来的，因而最能反映一个人的内心。所以，我们可以通过这些动作又快又准确地了解一个人的内心。

看透对方眼神里暗藏的深意

试着观察人的眼睛，便可以发现其中流露出的各种变化。这里所指的并非那些任何人一看都能够明白的变化，而是稍不注意便难以察觉的微妙之处。下面提供几种从观察眼睛来洞察人心的方式。

1.观察瞳孔变化

瞳孔的大小变化可以反映出人的情绪状态和兴趣程度。当人对某事物感到兴奋或感兴趣时，瞳孔会不自觉地扩大；而当他感到厌烦、不安或不感兴趣时，瞳孔可能会缩小。例如，在社交场合中，如果对方对你的话题表现出浓厚的兴趣，他的瞳孔可能会明显扩大。

2.注意眼神交流

眼神交流是人际交往中的重要组成部分，能够揭示出许多关于对方的信息。如果一个人的眼神坚定且直视你，这可能表示他很尊重你或对正在讨论的话题有自信。而避免眼神交流或频繁地转移视线可能表示不安、欺骗或缺乏自信。

3.分析眼神的持续时间

人们注视某事物的时间长短也可以揭示他们的内心状态。短暂的注视可能表示对某事物充满好奇或惊讶，而长时间的注视可能表示对某事物深入思考或感兴趣。例如，在谈判中，如果对方长时间注视你的眼睛，这可能表示他正在深入思考你的提议或试图从你的眼神中获取信息。

4.观察眼神的方向

眼神的方向也可以提供关于人的内心状态的信息。当一个人回忆过去时，他的眼睛可能会向左上方看；而当他试图编造一个故事时，他的眼睛可能会向右上方看。这种现象被称为"眼动心理学"。但需要注意的是，它并非绝对准确，因为人们的眼动习惯可能因文化和个人差异而异。

5.留意眼神中的微表情

微表情是持续时间极短的面部表情，通常在1/25秒到1/5秒之间，可以揭示出人的真实情绪。虽然微表情很难被捕捉，但如果你足够细心，可能会从对方的眼神中观察到它们。例如，当一个人在撒谎时，他的眼神中可能会闪过一丝愧疚或不安的微表情。

6.观察眼角的皱纹

眼角的皱纹（通常被称为"鱼尾纹"）也可以提供关于人的内心状态的信息。当人感到开心或兴奋时，这些皱纹可能会更加明显；而当人感到沮丧或疲惫时，这些皱纹可能会变得不那么明显。因此，观察眼角的皱纹可以帮助你更好地理解对方的情绪状态。

7.解读眼神中的色彩变化

虽然这一观察方法较为微妙且主观，但有些人相信：眼睛的色彩变化可以反映出一个人的情绪状态。例如，当人感到愤怒时，眼睛可能会变得更加明亮或充血；而当人感到平静或放松时，眼睛可能会呈现出更加柔和的色彩。然而，这种方法需要一定的经验和观察力才能准确运用。

虽然以上观眼识人的方法可以提供有关对方内心状态的线索，但这些方法并非绝对准确。因此，在与人交往时，我们应该综合考虑多种因素来更好地理解对方的心意。

社交广场

观眼识人是分辨一个人的善恶的重要手段。面对那些目光飘忽不定的人，我们一定要远离，因为这说明他是个三心二意、或拿不定主意、或紧张不安的人。目光忽明忽暗的人，也不可深交，这说明他是个工于心计的人。

听出对方的"弦外之音"

在与人谈话时，人们即便不会直接说出自己的意图，但说话的内容会不知不觉地透露出自己的信息。因为人们在说话的过程中，总会有意无意地"三句话不离本行"，从而说出与自己的想法和生活有关的东西来。这也就是说，一个人的所思所想，不会脱离他的生活经验。因此，从一个人谈话的内容中可以看出这个人的性格与处事风格。

一个人如果常常谈论自己，包括曾有的经历、自己的个性、对外界一些事物的看法等，一般来说，这样的人多比较外向，感情色彩鲜明而且强烈，主观意识较浓厚，爱表现自己，多少有点虚荣心。与此相反，如果一个人不经常谈论自己，那则表明这个人的性格比较内向，感情色彩不鲜明也不强烈，主观意识比较淡薄，不太爱表现自己，比较保守，多少有点自卑心理等；另外，这种人也可能有很深的城府。

如果一个人在叙述某一件事情的时候，只是单纯地叙述，不加入个人感情色彩，而是将自己置于事外，则表明这个人比较客观、理智，遇事沉着、心态稳定，不会有过激行为。相反，一个人在叙述某一件事的时候，加入个人感情色彩，特别注意个别细节，则说明这个人感情比较细腻，遇事不会很冷静，甚至情绪会一触即发。

如果一个人在说话时习惯于进行因果和逻辑关系的推理，并给予一定的判断和评价，说明这个人有很强的逻辑思维能力，比较客观和注重实际，自信心和主观意识比较强，常会将自己的思想观点强加于他人。

如果一个人的谈话属于概括型的，非常简单，但又准确到位，注重结果而不太关心细节、过程，平时关心的也是宏观大问题，说明这个人具有一定的管理和领导才能，独立性较强。而如果一个人谈话时非常注重过程中的某个具体细节问题，对局部的关心要多于对整体的关注，说明这种人支配他人的欲望不是特别强烈，可能会顺从他人的领导，适合从事某项比较具体的工作。

如果一个人不论谈论什么话题，都会不自觉地将金钱扯入话题中，比如"这套房子真豪华，花了不少钱吧！""是吗？那你想它大概值多少钱？"，这种类型的人，往往缺乏梦想。而缺乏梦想，很有可能会成为其人格上的致命伤，因为太过于现实，只将赚大钱作为自己人生的唯一梦想。因此，对于别人会有何种梦想，这类人根本漠不关心。

令人感到意外的是，这种超级现实的人，其内心也潜伏着不安全感。在他们的观念中，金钱便是全世界；反过来说，若没有金钱，他们便无法生存下去。因此，只要没有钱，他们就会感到十分不安，而且会产生一种被抛弃的感觉。他们更不敢去想象，当自己身无分文时，还有什么东西会留在自己的身边。

由此可知，眼中只看得到金钱的人，内心其实是十分缺乏安全感的。受不安全感的驱使，即使累积再多的财富，他们还是不能满足，所以这种人同时也是快乐不起来的人。

如果一个人经常谈论国家大事，表明他的视野比较开阔，而不是局限在某一个小圈子里。

如果一个人喜欢畅想未来，则表明他是一个爱幻想的人。这种人有的能将幻想付诸行动，有的却不能。前者注重计划和行动，实实在在地去做，很可能会取得一番成就。但后者只是停留在口头说说而已，多将一事无成。

如果一个人谈论的内容多倾向于生活中的琐事，表明他是安乐型的人，注重享受生活的舒适和安逸。

如果一个人经常谈论各种现象和人际关系，那表明他可能在这一方面颇有心得。

如果一个人不喜欢对人指手画脚，进行评论，偶尔在不得已的时候才发表自己的看法，并且当面与背后的言辞也基本保持一致，说明他是非常正直和真诚的人。

如果一个人对他人的评价表面一套，背地一套，当面奉承表扬，背后诋毁，表明这个人是极度虚伪的。

如果一个人在谈话中总是把话题扯得很远，或者不断地转变话题，这表明他思想不够集中，而且缺少必要的宽容、尊重、体谅和忍耐。

如果一个人完全忽视别人的谈话，而喜欢扯出与主题毫不相干的话题，这表明他怀有极强的支配欲与自我显示欲。

如果一个人不愿抛出自己的话题，反而努力讨论对方的话题，这表明他怀有宽容的精神，而且颇能为对方着想，不失为坦荡荡真君子。

社交广场

　　语言是情感的表达，是思想外化的直接表现形式。在大部分时间里，借助语言的力量，人们才得以把自己的见解和内心表达出来。所以我们要善于捕捉别人话语中所要表达的"弦外之音"。

着装透露着对方的个性和品味

着装是一种文化，是人的心灵和意志的外延。从一个人的着装打扮的习惯中，可以看出他的个性和品味。

一个人的品味是否高雅，通过观察其穿着打扮所反映出来的精神面貌就可以判断了。古语所说的"观其穿戴而知雅俗"，就是指通过观察一个人的穿着打扮来判定其是雅或俗。

着装可以反映一个人的精神面貌，表现出一个人的气质、修养、风度，同时也可以表现出一个人的身份，反映他富有或贫困。当然，穿戴中反映出的雅俗并不是单靠钱多钱少就可以判定的。

根据着装来判断一个人的个性和品味，虽然不能完全说明问题，但这的确是一件有意义的事情。

以下是几种不同类型的女性的穿衣打扮风格，希望能为大家提供参考。

1. 温和型

个性温和的女性喜欢一些绣有花边、碎褶的衣服，她们也很喜欢佩戴一些小饰物，看起来精巧可爱。对于颜色的选配，也较倾向于柔和的色调，她们不会去选择颜色对比强烈的服装。

2. 能干型

能干型的女性喜欢穿方便、帅气、大方的衣服。色彩方面，喜欢纯色，而不喜欢拼接的花衣服。荷叶边、披肩等款式更是少用。

为保持服装整洁，脱下后，她们必定规规矩矩挂好，把衣褶烫平，到下次再穿时，衣服仍然挺括如新。

配饰方面，她们喜欢珍珠的耳环和项链，讨厌长串饰物。

3. 反抗型

这一类人认为穿衣服并不是绝对必要的，不穿衣服才是真正的舒适与自由，所以她们喜欢穿最轻、最薄的衣服。这种类型的人在穿着上固执、大胆，不希望与别人雷同，喜欢一些极端的造型。

4. 内向型

内向型的女性在服装上避免一切惹眼的设计，也不爱用发亮质地的衣料，喜爱选择基本型的领、袖。如A字裙不带有碎褶或波浪起伏的裙摆，是内向型女性很喜欢的样式。

5. 活泼型

活泼型的女性喜欢开放的款式，而不会沉溺于既有的形式。常穿的是衬衫领或大方领上衣、宽松腰身款服装，裙摆也以宽大的为多，看起来一副精力十足的样子。

6. 体面型

这种类型的人认为美观、帅气的衣服能支撑一个人的身心。她们不喜欢宽松显慵懒的衣服，喜欢穿得体面些，有时甚至会给人过分隆重的感觉。尤其是宴会的时候，她们更不会放弃机会来大力修饰一番。

7. 自我陶醉型

这种类型的女性升华了自我赞美的意识，表现于服装上面，他们有极深的自我赞美感，并把这种感情与服装相互融合。她们又善于发挥衣服本身具有的价值，且能妥善运用它美化自己。但这种类型的人容易把兴趣投入到炫耀自己的服饰上。她们的衣着时髦，总是走在时尚的前端。她们永远不会忘了多买一件衣服来装扮自己。

8. 炫耀型

炫耀型的女性对华贵的衣服永远有购买的冲动，而且固执地要穿名牌衣服方能安心快乐。平常和朋友在一起的时候，她们会告诉你她们的那件大衣是某街某店的大师亲自做的，手工与众不同，或是他们的某件上衣料是从法国带回来的。对于手表、眼镜等配件，她们也会如数家珍地告诉你是什么品牌，有什么特征。

社交广场

　　一个人的穿着与其个性有密切的关系。一般人常依个人的喜好和需求来选择穿着，而她所喜欢的，往往就是最适合其个性的。当然，人的喜好会受到环境变迁、年龄增长、心境变化、流行趋势等的影响。

第五章

/

拿来就用的女人攻心术，
让"敌人"变"知己"

看清兴趣，聊出交情

在与人交流的过程中，我们可能经常会出现这样一种情况：谈话的内容停留在自己感兴趣的范围内。比如，有的人是球迷，就认为所有人都是球迷，张口闭口就是足球。如果他遇到的正好是对足球不感兴趣的人，就会让对方觉得索然无味。结果就是这个人讲得滔滔不绝，可别人已经不耐烦了。最终当话题说尽时，别人也不知如何是好，双方只有尴尬相对。

在这个世界上，恐怕没有人愿意与一个只顾自己的感受，全然不顾他人感受的人谈话。所以，在与人交谈的时候，要想让别人对你产生好感，就要谈论对方感兴趣的话题。而那些在交际中成功的女性，往往就是在与对方接触的第一时间找到对方感兴趣的话题，并迎合对方的兴趣，谈论对方最喜欢的事情，从而与对方聊出交情。

秦越是一家面包公司的老板，她一直试着要把面包卖给本市的某家高级饭店。一连三年，她每天都要打电话给该饭店的经理。她也去参加该经理的业务聚会，她甚至还在该饭店订了个房间，住在那儿，以便做成这笔生意。但是她都失败了。

后来，秦越决定改变策略。她决定找出饭店经理最感兴趣的东西。终于，秦越发现这位经理是本市书法家协会的一员。由于他热衷于此，还被选为协会的负责人。之后，不论协会有什么活动、在什么地方举行，秦越都会参加，即使有许多事情要忙。

后来，秦越再次见到这位经理的时候就主动谈论关于书法的话题。结果，他们谈了半个小时的话，内容都是有关书法的。在秦越离开这位经理的办公室之前，他还写了几个字送给她。

秦越在与饭店经理交谈的过程中一点也没提到面包的事，但是几天之后，那家饭店的大厨师打电话给秦越，要她把面包样品和价目表送过去。

"我不知道你对经理做了什么思想工作，"大厨师见到秦越的时候说，"但你真的把他说动了！"

每个人都有自己的兴趣爱好，一旦你能找到对方的兴趣所在，并以此为契机，那你的话就不愁说不到对方的心坎上。如果秦越没有用心去找饭店经理的兴趣所在，不了解他喜欢谈什么，那仍然只能像无头苍蝇般地缠着他。

在交际场合，很多事实证明，一次顺畅的交谈往往需要彼此都感兴趣的话题。因此，为避免尴尬，我们应该事先对交谈的对象进行相关了解，掌握一些对方可能感兴趣的话题，以防双方在交流的过程中无话可说。

每个人关心的话题都不一样，如何在最短的时间内找出对方关心的话题，是我们在交往过程中需要解决的第一个问题。

首先，性别不同，关心的话题就不一样。男人可能对体育运动、新闻、汽车等方面的内容比较感兴趣，女人可能更关注美食、服饰、时尚等方面的信息。

此外，角色和身份不同，关心的话题也各不相同。家庭主妇和职场女性关心的话题就大相径庭。在前者面前提及工作或者在后者面前提及家务，一定会让她们觉得无所适从，甚至可能拂袖而去。

总之，寻找话题并不难，真正难的是寻找对方感兴趣的话题，并努力迎合对方的兴趣，激起对方和你继续交谈的欲望。

一般来说，人们通常会对什么话题感兴趣呢？大体有以下几点。

第一，关乎谈话者自身利益的话题。只有在谈及与自己的利益密切相关的话题时，人们才能表现出极大的热忱和专注，这是人类的共性。如果谈论的是与自己毫无关联，不会对自己产生任何影响的话题，大多数人不会耐着性子任由对方高谈阔论。有谁会对别人家的事感兴趣呢？

在打探对方真实想法的时候，如果一下就触及核心部分，可能会给对方带来不必要的压力。因此，最好先提些表面性的问题，然后再逐步靠近核心。一般来说，与本人关系密切的问题在头几回交谈中都很难打听出来。

第二，与谈话者的性格、身份相符的话题。如果你面对的是一个直率而实在的人，应该尽量避免客套话或专业术语，否则只会加速你唱独角戏的进程。切记，与对方谈论他不感兴趣或听不懂的话题，绝对不会结出你意料之中的"果实"。

第三，新奇的话题。每个人都有猎奇的心理，一个新奇的话题往往能极大地调动人的好奇心，从而使谈话得以继续。

社交广场

每个人都有自己的兴趣爱好，寻找话题并不难，生活中的任何一件事都能成为开启人际关系的话题。但要谨记，只有让对方感兴趣的话题才能引领交谈朝着你希望的方向发展，从而达到交谈的目的。

善于倾听也是你优雅的姿态

在小说《傲慢与偏见》中，伊丽莎白在一次茶会上专注地听着一位刚刚从非洲旅行回来的男士讲在非洲的所见所闻，几乎没有说什么话，但分手时那位绅士却对别人说："伊丽莎白是个多么善于言谈的姑娘啊！"看，这就是倾听别人说话的效果，它能让你更快地交到朋友，赢得别人的喜欢。

上帝给人们两只耳朵、一张嘴，其实就是要我们多听少说。生活中，最有魅力的女人一定是一个善于倾听的人，而不是滔滔不绝、喋喋不休的人。倾听不仅仅是对别人的尊重，也是对别人的一种赞美。在社交过程中，最善于与人沟通的高手是那些善于倾听的人。也许在交谈的过程中她并没有说上几句话，但是她一定会得到他人的肯定。

从心理学的角度来看，认同这种说法的人很多。只要是人，自然会因为对方愿意听自己说话而感到心情舒畅。不论是谁，都有希望对方了解自己的欲望，因此也就不会讨厌那些愿意认真倾听自己说话的人。

白灵人如其名，她的声音像百灵鸟一样动听，于是高考的时候她毫不犹豫地选择了播音主持这个专业，大学毕业后去了一家电台做主持人，主持一档心理访谈节目。

她和丈夫是在一个朋友聚会上认识的。当时参加聚会的女孩很多，白灵不是最漂亮的，也不是最能说会道的。当大家都天南海北地聊天时，白灵总是面带微笑地聆听，偶尔会说上一句自己的见解。

她的特别深深地吸引了一个人，这个人就是她现在的丈夫。聚会结束后，他千方百计地找到白灵的电话号码，最终将白灵娶回了家。

当有人问他为什么在那么多女孩里单单被白灵吸引的时候，他说："在那样喧嚣的环境里，她安静地坐在那里，面带微笑地听别人说话，就像一朵纯净的百合花，脸上闪现着圣洁的光辉，我真不敢相信这是一个电台主持人。后来娶了她才知道，一个好的主持人不但要会说，更重要的是要善于倾听。"

作为电台主持人，白灵不是不会说话、没有谈资，而是更懂得倾听的艺术。

倾听是对别人最好的尊敬。专心地听别人讲话，是你所能给予别人最有效、最好的赞美。倾听不仅仅是保持沉默，用耳朵听听而已。如果我们只用耳朵来接收话语，而不用心去洞察对方的心意，结果只是浪费时间，并不能达到有效沟通的目的。

真正的倾听不只是用耳朵去听，更要用我们的眼睛、我们的心去倾听。所以，在倾听的时候，我们要掌握一些小小的技巧。

1. 要有良好的精神状态

良好的精神状态是确保倾听质量的重要前提。如果倾听的一方萎靡不振，是不会取得良好的倾听效果的，只能使沟通的质量大打折扣。所以，倾听时要保持良好的精神状态。

2. 及时用动作和表情给予呼应

与人交谈时，应该采取"我正在认真听你说话"的姿势。要是此时手边正忙着其他事情一定要赶快停下。不要采取交叉着手或脚的姿势，这会让对方感到你心中是有防备的。应该放松身体，采取开放而自然的态度。

开放性动作是一种信息传递方式，代表着接受、感兴趣与信任。这会让说话者感到你已经准备好积极适应他的思路，理解他所说的话，并给予及时的回应。这传达给对方的是一种肯定、信任、关心乃至鼓励的信息。交谈时，如果能以点头回应对方的话语，就会给对方留下"你在认真听他说话"的印象。

3. 必要的沉默

沉默并非单纯的静止无声，而是一种深刻而富有内涵的沟通方式。它如同乐谱上的休止符，在恰当的时候出现，使得整个旋律更加和谐动人，达到"无声胜有声"的境地。

然而，沉默的运用需要得体，不可随意滥用。在不同的场合下，沉默所传达的信息和效果截然不同。在需要深思熟虑的情境中，沉默可以展现出个人的沉稳和理性，给予对方足够的空间和时间来思考和理解。但在需要积极互动和交流的场合中，过度的沉默可能会让人感到冷漠和疏离，甚至影响人际关系的和谐。

因此，在运用沉默时，我们需要根据具体情况进行判断和选择。在某些情况下，我们可以通过沉默来表达自己的立场和态度，让对方在无声中感受到我们的坚定和决心。而在另一些情况下，我们则需要通过语言来补充和解释沉默所传达的信息，使得沟通更加完整和清晰。

沉默与语言的结合，是人际交往中的一门艺术。它们相互补充、相辅相成，共同构成了丰富有效的沟通方式。在适当的时候使用沉默，可以让我们更加从容地应对各种社交场合，展现出自己的高情商和成熟魅力。

4. 回话内容要适当

选择适当的回话内容，再加上点头表示赞许，就可以让聊天的气氛变得更融洽。比如以下回话话术：

肯定："真是不错！""是，就是那样！"

疑问："是这样吗？""为什么呢？"

确认："是这样啊！""哦，原来如此！"

感叹："真好！""哇，好厉害！"

否定："你骗人……"（仅限于开玩笑或闹着玩的时候使用）

需要注意的是，有一个词绝对不能使用，那就是"我明白"。轻易地使用"我明白"来回话，容易使对方心里产生"你知道些什么？你真的明白吗"的想法，反而使对方生气。

5. 不要随便打断别人讲话，要有耐心

就算对方说话的内容很多，或者由于情绪激动等原因，语言表达有些零散甚至混乱，你也应该耐心地听完他的叙述。即使有些内容是你不想听的，也要耐心听完。千万不要在别人还没有表达完自己的意思时，

随意地打断别人的话语。

当别人流畅地谈话时，随便插话打岔，改变说话人的思路和话题，或者是任意发表评论，都会被认为是一种没有教养或不礼貌的行为。

总之，倾听需要做到耳到、眼到、心到，当你能通过巧妙的应答把谈话引向你所需要的方向时，你就可以轻松地掌握谈话的主动权了。

社交广场

能做一个耐心的听众是一件难能可贵的事。不管是在日常的社交中，还是在职业场合，试着成为一个有耐心的听众，并且把对说话者的尊重和诚意表现在脸上，那样将会有意想不到的收获。善于倾听，会让女性处处受欢迎。

不吝赞美，真心地说出别人想听的话

一提起赞美，可能有人马上就会把它与巴结、讨好、阿谀奉承等联系起来。尤其是对女性，如果她善于赞美，甚至可能会招致流言蜚语。其实，赞美和阿谀奉承完全是两回事。赞美是为了协调人际关系，以表达自己对别人的尊重和欣赏，促进了解和增进友谊。

每个人对他人都有一种心理期待，希望得到尊重，希望自己应有的地位和荣誉得到肯定和巩固，这就需要得到别人恰如其分的欣赏和赞美。

成功学大师卡耐基说过一个故事：他小时候曾有一段时间住在密苏里州乡间。有一次，他父亲养的一头血统优良的白牛和几只品种优良的红色大猪在美国中西部地区的家畜展览会上获得了特等奖，他的父亲也因此赢得了特等奖蓝带。自那以后，每当高兴的时候，他的父亲就会把那枚蓝带别在一块白色软布上，放在手里把玩半天；而且只要有人来家中做客，他总要拿出来"炫耀"一番。

其实，真正的特等奖获得者——牛和猪并不在乎那枚蓝带，倒是卡耐基的父亲对它十分珍惜，因为那枚蓝带给他带来了荣耀和别人的赞誉。

我们每个人，都希望受到别人的重视。作为一名女性，如果你想与别人相处得十分融洽，如果你想成为一个受欢迎的人，那么你要做的就是去真诚地赞美他人。

穆白是一个开朗的女孩，非常善于交际，也很会赞美别人。毕业之后，她来到一家公司做文员。

在公司里，每次见到同事，她都会非常礼貌地停住脚步问好。如果同事换了身新衣服，她就会马上赞美说："您穿这身衣服真精神！"如果同事换了发型，她就会很惊喜地夸赞说："这个发型把您衬得好年轻啊！"穆白的这些话把同事们都赞美得心里美滋滋的，所以有什么活动都喜欢叫穆白一起去，就连上司黄姐也特别喜欢跟穆白一起聊天逛街。

一天下班了，黄姐让穆白陪她去逛商场，穆白丝毫不敢怠慢，立刻就答应了。穆白在楼下等黄姐，黄姐走过来，穿着一身她从来没见过的衣服，非常有气质，穆白不禁称赞道："黄姐，您今天也太靓了！"黄姐笑着说："是吗？这些都是以前买的，只不过没有这样搭过。"穆白回答说："嗯，太漂亮了！您要有空教教我怎么搭配衣服。您看我穿的和您的都没法比。"黄姐听得心花怒放。

逛完商场后，两个人都有些累了，场面有些沉闷，此时穆白为了尽快打破这种气氛，又开始了对黄姐的夸赞："黄姐，您真是一位成功的女性，美貌与智慧并存，家庭又如此和睦，让所有女人都羡慕……"听了穆白的话，黄姐疲惫的脸立马变得容光焕发，和穆白从婚姻到家庭聊了个遍。从此以后，黄姐更加喜欢穆白了，穆白的进步也很快。

女人间的赞美，往往会使人感到十分亲切、真实。完全发自内心的欣赏，会使对方产生一种"知音"的感觉，因而能增进彼此间的友谊，缩小交际的距离。

凡是你见过的人，他在某些方面肯定要比你强，这是一个不容否认的事实。只要你承认这一点，承认对方的重要性，并由衷地表达出来，就会使你得到他的友谊。

社交广场

如果你真心诚意地想要与周围的人搞好关系，就不要光想着自己的成就、功劳，别人是不理会这些的。你应该去发现别人的优点、长处、成绩等，真心地说出别人想听的话。

真诚而慷慨地赞美，展示你迷人的魅力

一位著名企业家说过："促使人们自身能力发展到极限的最好办法，就是赞赏和鼓励……我喜欢的就是真诚、慷慨地赞美别人。"

在日常生活中，我们渴望的不是巴结、阿谀奉承，而是对方发自内心的赞扬。那么，在日常生活中，我们应该怎样赞美，才能让对方开心，不觉得你是在拍马屁呢？这需要一定的技巧。

1. 赞美要抓住时机

恰当的时机能使赞美更具效力。爱听恭维话是人的天性。你若不失时机地赞扬对方，对方心中就会产生一种莫大的优越感和满足感，自然就会高高兴兴地听取你的建议和意见了。

2. 赞美要恰如其分

每个人都爱听恭维话，你对别人所说的恭维话，若恰如其分，他就会很高兴，并会对你产生好感。例如，对青年人，应赞美他的创造才能和进取精神；对老年人，应赞美他身体健康、富有经验；对商人，应夸他生财有道、财运高照等。

3. 旁敲侧击，间接赞美

直接赞美——直抒胸臆，把自己的赞美之情直接向对方倾吐是日常生活中最常见、最常用的赞美方式。相比之下，间接赞美则更富有技巧性。你可以通过赞美与你所要赞美的对象有亲密联系的人、事或物，来间接表达你的赞美之意。比如，为了赞美一位女性，你可以赞扬她的女儿漂亮、聪明、有出息，或者赞扬她的丈夫能干、会办事，这样也可以很好地达到间接赞美她的目的。间接赞美还可以是不当面对他表达你的称赞和肯定，而是对别人说，通过别人的口把你的赞美传到他的耳朵里。这种赞美对化解矛盾的效果很好。

4. 赞美要注意措辞

我们在表扬或称赞他人时一定要注意措辞，以免词不达意，令被赞者尴尬。我们在列举对方的优点或成绩时，不要举那些无足轻重的内容。另外，也不可暗含对方的缺点，如口无遮拦的话："太好了，在屡次失败之后，你终于成功了一回！"总之，称赞别人时，用词上要再三斟酌，千万不要胡言乱语。

5. 赞美须有远见卓识

赞美不仅要符合眼前的实际，而且更要高瞻远瞩，具有一定的前瞻性和预见性，要经得起推敲和时间的考验。在事情还没有最终完成之前，这时候的赞美一定要谨慎。须知，问题往往出现在最后的关头，导致功亏一篑。所以，赞美必须具有远见卓识。

6. 将赞美变成请教

我们在赞美对方的同时别忘记讨教，可以运用这样的语言："我很欣赏您,不知您怎样坚持到现在的;我很钦佩您,别人做不到的您却做到了。您真的不简单。请问您是怎样做到的呢?"

社交广场

　　赞美是一种力量,是一种技巧,更是一种智慧。每一个人都希望受到周围人的称赞,希望自己的真正价值被认可。

宽容他人就是显示你的大度

　　宽容是为人处世之道，是处理人际关系不可缺少的钥匙。有些女人在与人打交道的时候，会保持一副客气和礼貌的态度，即便与人发生了一些矛盾，也会劝慰自己"忍"字为先。然而，回归到婚姻生活之后，她们却把这点抛在了脑后，常常为了一些鸡毛蒜皮的小事和爱人吵得不可开交。在潜意识里，她们认定丈夫是和自己最亲近的人，更容易原谅自己。可是，丈夫也是人，其忍耐程度也是有限的，当他们感到无法忍受的时候，情绪就会爆发出来。

　　"事临头，三思为妙，一忍最高。"这句话用在婚姻中再合适不过。凡事忍一忍，你才会有时间让自己冷静下来，分析争吵的原因，这样矛盾就会很快消解了，夫妻之间也会很快达成共识。反之，遇到矛盾的时候，如果冲动占了上风，一场争执就在所难免了。

　　杨子清是一位悬疑推理小说家，每次写作的时候都会达到忘我的境界，这个时候的她最忌讳别人打扰了。她的丈夫也非常理解她，会自觉地给她提供一个相对比较安静的环境，让她在创作的时候不被打扰，这让杨子清分外感激。

有一天，亲戚来他们家做客，杨子清此时正在苦思冥想故事中的情节，根本没有发现家里来了客人，于是就没有主动打招呼。面对这样的冷落，客人看在眼里，脸上便有了不悦之色。丈夫显得很尴尬，于是，从来没有对杨子清发过火的他突然发起火来，他异常大声地说："你没看见家中有客人吗？怎么还一个劲儿地捣鼓你的破小说，赶紧跟客人打个招呼去！"

从来没有被丈夫这样指使过的杨子清很难过，再加上丈夫打断了她的思路，她的火气一下子在心里升腾起来，她"哗啦"一下将书桌上的东西全都扫到地上，声泪俱下地哭诉说："我捣鼓我的小说是在工作，又不是在玩，我有什么错让你发那么大的火？你又不是不知道我写东西的时候就会忘了外界的一切，我不喜欢被打扰，你就不能自己去和客人聊吗？"

丈夫没想到她的反应竟然如此强烈，觉得一向温婉的妻子是那么不可理喻。但碍于有客人在此，他没有再跟她争吵下去，自顾自地给客人沏茶去了。

看到他们硝烟弥漫的家，客人也觉得无趣，客套地坐了坐就走了。哭完之后，杨子清慢慢冷静下来才意识到自己的冲动，如果当时自己能忍一忍，局面就不会变得这样尴尬了。但是，事情已经发生了，后悔也于事无补。

因为这件事，杨子清和丈夫冷战了好几天，直到杨子清的父母来探望他们的时候，他们才勉强和好。

正如杨子清所想，如果当时她能够忍一忍，放下自己的事情为客人端去一杯水，并说上一句："你看我这人，忙起来就什么都顾不了了。真是不好意思啊，怠慢你了！来，喝茶！"这样做，不但丈夫会"多云转晴"，客人也会觉得她是个识大体的女人。遗憾的是，杨子清却冲动地跟丈夫针尖对麦芒地争吵起来，最后弄得夫妻俩都下不了台，在客人面前丢尽面子。

那么，如何做才能和爱人保持和谐融洽的关系，少发生争执呢？主要要做到以下几点。

1. 包容

家庭生活是一门讲究包容的艺术。一对陌生男女，经过相识、交往后，走到一个屋檐下共同生活。两个人的生活方式、饮食起居、消费习惯等总会有差异，因而夫妻双方难免会有磕磕绊绊、发生争执的时候。为了避免发生矛盾，我们要学会换位思考，理解对方，包容对方，这样家庭氛围才会温馨和谐。

2. 谦让

夫妻吵架，不管谁赢都达不到解决问题的目的。吵架的本意应该是达成一致的看法，而达成一致的看法通常需要兼顾双方的意见。夫妻吵架往往是各讲各的理，根本听不进对方的话。记住，一旦你选择了对方，那对方对你来说就是最优秀的。要想一些好的办法停止争吵，比如，你可以说："亲爱的，我们和好吧！"

3. 示弱

在年轻夫妻中，任性、好胜、以自我为中心者不在少数。两个人闹意见、生闷气、谁也不理谁的情况很普遍。其中，又多是性格内向的一方首先进入无言的状态。通常女人比男人更爱耍小脾气，使小性子。当夫妻间的争吵转为斗嘴后，为了避免事态恶化，一方必须主动示弱。

4. 忍耐

夫妻发生矛盾时，如果有一方能忍耐或者双方都能忍耐，好好地和对方沟通，积极解决问题，那就会化干戈为玉帛，打破僵局。

社交广场

再有默契的夫妻也会有意见产生分歧的时候，甚至一点小事都可能成为引发争执的导火索。夫妻之间，磕磕绊绊是很正常的事情，多一点宽容、多一点忍让，你会发现，其实根本就没什么值得争吵的事！

第六章

/

谨记社交原则，清醒
女人自有她的社交之道

保持个性，不做老好人

在生活中，我们经常可以见到这样的人：性格温顺；脾气好；脸上永远挂着微笑；对每个人都很好；别人找他们帮忙，无论愿意与否，他们都会答应下来，嘴上总是说着"行啊，都可以""算了，没关系"之类的口头禅。这种人就是典型的"老好人"。

而不好相处的人在冲突中会积极捍卫自己的立场和利益，不同于此的老好人往往会把建立和保持良好的人际关系作为基本目标，哪怕这个目标会和他们的利益产生冲突。

安妮是一家大型商贸公司的财务人员，和她一同入职的还有一个女孩，名叫婷婷，她们两个人负责的工作内容差不多。由于事务繁杂，她们经常忙得焦头烂额。

妈妈告诉安妮在公司要和同事、领导搞好关系，吃亏是福，要全力帮助同事，等等。安妮非常听话，在公司尽可能地用心和大家相处，帮同事买饮料、带早餐、复印资料等，很快就融入了公司的集体圈子，大家遇见安妮都热情地跟她打招呼。

再看婷婷，和安妮相比，她就显得不那么随和了。她专注于自己的工作，每天按时上下班，坐在电脑前完成自己的工作，学习新的知识，大家见了她也是擦肩而过。安妮看在眼里，乐在心里，她觉得自己总算在公司站住了脚。

过了一段时间，大家都变得熟悉起来，有人开始找安妮帮各种各样的忙，有的让她整理一份文件，有的让她帮忙取个快递，有的让她核对一下数据。安妮每次都是放下自己手头的工作，赶紧帮别人做事，最后别人都下班了，安妮还要留在公司加班，完成自己没做完的工作。

第一季度的业绩考核，安妮和婷婷一样。虽然安妮知道自己为了帮助同事没少加班，没少熬夜，但听到大家对她的夸赞时，她还是在心里乐开了花。

第二季度时，安妮慢慢发现了不对，在自己依然忙着给同事打杂时，婷婷已经接了一个大项目，获得了领导的赏识，又是升职又是加薪，安妮好一阵羡慕。

第三季度时，安妮决定把自己财务方面的知识再进修一下。她开始试着拒绝同事交办的事情。然而，没想到的是，她这样做却受到了同事的攻击："你怎么回事啊？这种资料不是一直你来整理的吗？""你不是说让我有需要就找你吗？虚伪！""这点忙都不帮，真没人情味儿！"

看着身边已经升任主管、被大家奉承讨好的婷婷，安妮陷入无尽的懊恼之中。

案例中的安妮就是我们所说的"老好人"：脾气好，好说话，但是反映出来的另一面却是软弱，底线很低。由于受到社会规则的制约和社交模式的指引，人们会积极地寻求他人的赞美和肯定，避免冲突和被排斥，尤其是对能控制我们社会地位、薪水报酬、心理认同等方面的重要人物，我们会积极地取悦他们。

从心理学角度来分析，老好人帮助别人其实是在满足自己内心的价值感，希望通过别人的认可来获得成就感和荣誉感。因此，老好人的出发点不是在帮别人，而是在心理上帮自己。此外，老好人会在内心将自己的所作所为当成向对方索取的砝码，并以此掩盖自己害怕得罪人的恐惧。

虽然这样做确实能避免冲突，收获不错的人缘，但是久而久之，做老好人的弊端就会显现出来：老好人的价值被量化，大家都知道她有几斤几两；老好人的感受被忽略，大家认为她不会生气、计较；老好人没有拒绝的权利，即便付出了也不会受到别人的重视；等等。

因此，女人要学着克服取悦心态，拒绝做老好人。可以从以下两点着手。

1. 不靠取悦解决冲突

在人际交往中，由于每个人的意见、偏好、风格和兴趣都不同，发生冲突是不可避免的，取悦对方可以暂时压制冲突，却不会解决冲突。把取悦对方当作避免冲突的策略，长期压抑下去，只会引发更强烈的争执，并在体内积累过多的负面情绪，严重伤害自身健康。因此，对于冲突，我们要积极面对，寻找解决之道。

老好人不想得罪任何人，对谁都说"是"，这反而会给人软弱可欺的感觉。要知道，自身价值更多地需要依靠自己来实现，而非完全建立在他人的评判上，与其靠取悦他人彰显自身价值，不如提升自我能力，坚持自身原则，对超出底线的事情勇敢说"不"。

2. 以自我为本位不等同于自私

很多人认为，如果不把他人视为优先考虑的对象，就会被人认为是个自私的人；反之，如果自己替他人做了很多事情，就会一直受到别人的喜欢和肯定。这种认知是非常错误的。自我意味着认识自己，理解自己的需求和价值，这是建立健康人际关系和自我成长的基础。而自私是将自己的需求置于他人之上，忽视他人的感受和需求。自我强调了自己的存在和价值，而自私则强调了自己的欲求和利益。

社交广场

　　在人际关系中，总是将别人的需求放在第一位，会让自己的生活和心态失衡。以自我为本位行事，也并非自私。女人首先要有自己的底线和原则，有自己的个性，才会真正受到他人的肯定和赏识。

对自己有要求的女人，从不随波逐流

人类是群居动物，我们不可避免地要与人交际。如果我们选择固守在自己的世界里，不和别人沟通，不与他人分享，慢慢地就会发现，我们和周围人的关系越来越疏远，我们的生活和工作中也会出现越来越多的困难。虽然我们认为并没有做错什么，但事情却可能会往糟糕的方向发展。

所以，不管愿不愿意，女人都要学会与周围的人"同流"，因为他们对我们的生活和工作有着重要影响，敬而远之并不是可取之道。但是，"同流"也不是没有原则的。虽然我们的成功离不开与他人的沟通、协调和合作，但这并不意味着我们要毫无底线地谋求人脉。对于女人而言，在生活和工作中构建属于自己的人脉圈是好事，但要注意坚持自己的底线，可以和人"同流"，但不可"合污"。当周围的人做出超出你底线的行为时，不要盲目从众，而要坚守自己的选择。

乐乐是个性情随和的人，她在公司人缘很好，无论对谁，她都一视同仁，能和大家打成一片。

有一次，乐乐的上司仗着自己的权力让助理安排他的女友同他一起出国游玩。上司出国是要和外商洽谈，他这样做是要把女友所有的开销都算在公司账上。

助理痛快地答应下来，并且有样学样，把自己私下吃饭、打车、出去玩的费用都开成公司发票，找上司签字报销。渐渐地，大家都发现了这个窍门，于是一传十，十传百，都跟着上司随大流。大家也跟乐乐说："法不责众，你也跟着一起吧。你看咱们领导都这么干，出了事也有他兜着，怕什么呀？"乐乐却摆摆手，声称自己平时比较宅，没什么可报销的票据，让大家不用管她。

后来，东窗事发，总经理勃然大怒，按规定裁掉了大批员工，而乐乐因为洁身自好，反而在公司一路平步青云。

底线是我们为人处世时不超过道德、法律标准的自我保护，就是原则。在人际交往中，我们会下意识地遵守自己的原则和社会规则，在原则的约束下，我们做事有自己的章法。由此出发，我们才明白社会交际中哪些事是可以做的，哪些事是应该避免的。

每个人都有自己的底线，也应该坚持自己的底线。如果一味地拉低自己的底线，只会乱了自己的章法，也会使自己成为他人眼中缺失个性的人。坚守底线的方式因人而异。聪明女人懂得绕过触及自己底线的问题，巧妙维护自己和他人的颜面，而不是硬碰硬地和别人讲道理、摆事实；因为那样不仅费心劳神，还不利于朋友之间的关系。

社交广场

全身心的投入让女性能够更深入地理解他人，从而建立起真挚的友谊。同时，全身心的投入也能让女性更加自信地表达自己，展现出独特的魅力。适时地抽身而去则可以避免过度投入而失去自我。这种抽身不是冷漠或逃避，而是一种明智的选择，让自己能够在保持个人成长和幸福的同时，也为他人留出空间。

适当的沉默也是一种交际智慧

你或许能够发现，低调者的不言不是不会言，而是会言而不言。在某种场合，沉默也是一种很好的交际智慧，有了适时的沉默，一个人会显得更有力量。

有时，在某些场合，一个人的好口才往往发挥不了作用，甚至还会适得其反，这对人们之间的交往是十分不利的。这时，如果你缄口不言，反倒更有利于与人打交道，这就是沉默的力量。

荀子曾说过："言而当，知也；默而当，亦知也。"意思是说，在与他人交谈时，适当地说话是一种智慧，适当地沉默也是一种智慧。有时候无须开口说话，利用表情、眼神、举止等，也能充分地表达自己。有时候不开口比开口更有效，所谓"沉默是金"，沉默往往会产生令人意想不到的效果。正所谓"此时无声胜有声"。

洛克菲勒曾经历过这样一件事情：

一天，一位不速之客突然闯入了洛克菲勒的办公室，直奔他的办公桌，并用拳头猛击办公桌的台面，大发雷霆说："洛克菲勒，我恨你！我有绝对的理由恨你！"接着，那位不速之客恣意谩骂了几分钟之久。办公室所有的职员都感到无比气愤，以为洛克菲勒一定会拿起墨水瓶向他掷去，或是吩咐安保员将他赶出去。然而，出乎意料的是，洛克菲勒并没有那样做。他停下手中的活，和善地注视着那位攻击者。那人越是暴躁，他就越显得和善。

那位攻击者被弄得莫名其妙，渐渐平息下来。因为一个人发怒时，若遭不到反击，他是坚持不了多久的。于是，他咽了一口气。他本来是准备好了来此与洛克菲勒做争斗的，并想好了洛克菲勒要怎样回击他，他再用想好的话去反驳。但是，洛克菲勒就是不开口，所以他也不知如何是好了。

然后，他又在洛克菲勒的办公桌上敲了几下，仍然得不到洛克菲勒的回应，只得索然无味地离去。而洛克菲勒呢，就像什么事也没发生一样，重新拿起笔，抬起头来，轻轻地一笑，丢过去一个得意的眼色，好像是在说："干吗着急走啊？回来尽情地发泄吧！"然后，继续他手上的工作。

如果一个人处在情绪失控的状态下，那么，任何反驳的语言都是让他难以接受的。对他的无礼采取沉默的方式，便是给他最严厉的迎头痛击。

在生活中，有些人遇到麻烦的时候，常常会唠叨不止，殊不知这样却暴露了自己的弱点。而不说话，保持沉默，会让别人捉摸不透你，对你心生畏怯。因此，沉默不是屈服，不是退让，而是一种缓兵之计，是为了给对方一些镇定下来的时间，这样所有的问题就不再那么复杂了。

李婉，一位在商界崭露头角的年轻女性。一次，她所在的公司与一家重要客户因合同条款的细节问题陷入了僵持，双方团队在会议室里针锋相对，气氛紧张到了极点。对方的谈判代表张先生，以其强硬的态度和咄咄逼人的言辞，试图在气势上压倒李婉一方，不断抛出各种质疑和修改建议，企图迫使李婉团队做出让步。

面对这样的局面，李婉没有选择直接反击或陷入无休止的争论之中。相反，她深吸了一口气，目光坚定地环视了会议室的每一个人，然后选择了沉默。她静静地坐着，没有立即回应张先生的任何一点质疑，只是偶尔微微点头，表示自己在倾听。这种突如其来的沉默，让原本喧嚣的会议室瞬间安静下来，所有人都感到了一丝不寻常的气息。

张先生见状，原本咄咄逼人的气势不由得弱了几分，他开始意识到自己的言辞可能过于激烈，也给了自己一些时间去重新审视刚才的立场和提议。其他参与谈判的成员也纷纷交换起了眼神，开始思考起这场谈判的真正目的和双方的利益平衡点。

几分钟后，李婉终于开口了，她的声音温和而有力："张先生，我非常理解您的立场和关切。我认为，我们今天之所以会在这里，是为了找到一个双赢的解决方案，而不是为了争论谁对谁错。我想，如果我们能各自退一步，重新审视一下我们的提议，或许能找到一个更加合理且双方都能接受的方案。"

接下来的谈判中，李婉以更加开放和包容的态度，引导双方团队进行了深入的沟通和协商，最终达成了双方都满意的协议。这次经历，不仅让李婉在客户心中树立了更加专业和值得信赖的形象，也让公司内部成员对她的高情商社交能力刮目相看。

李婉巧妙地以静制动，不仅避免了不必要的冲突升级，还为自己和团队赢得了宝贵的思考时间，最终实现了双赢的局面。这充分证明了，在社交场合中，沉默并非软弱或逃避，而是一种深思熟虑后的选择，是展现智慧与自信的重要方式。

社交广场

在频繁的交流中，没有什么比长久的沉默更令人难以忍受，也没有什么比适时的沉默更加重要。当对方被你的沉默所征服的时候，就是你的成功之时。

沉稳气质让你从容应对挑战与变化

做人就应该像弹簧，能拉长也能缩短，能忍辱也能负重。人要是缺少这种弹性，就会变得很脆弱，不堪一击。

在社交方面，忍耐并不是懦弱，而是一种积蓄，一种毅力，一种精神。该忍则忍，该让则让，这是人生的一种境界，是成功的一个希望。

俗话说："心不慌，神不乱。"凡事只有稳住内心、不慌乱、沉得住气，才能成就大事，才能在人生的道路上稳步前行。

王丽是一家大型企业的中层管理者。

几年前，王丽所在的公司面临了一次重大的市场变革。由于竞争对手的强势崛起，公司的市场份额受到了严重冲击，业绩也出现了下滑。在这种压力下，公司决定进行战略调整，这意味着王丽所在的部门需要承担更多的任务和压力。

面对这一突如其来的变化，王丽没有慌乱，而是迅速调整了自己的心态。她明白，作为部门负责人，自己必须沉稳应对变化，给员工们树立榜样。于是，王丽开始制订详细的计划和策略，与团队成员们进行深入的沟通和讨论。

在计划执行过程中，王丽遇到了许多挑战。有些员工因为害怕失败而产生了消极情绪，有些则因为工作压力过大而产生了抵触心理。面对这些问题，王丽没有选择逃避或指责，而是耐心地安抚和鼓励团队。她仔细地倾听每个人的想法和顾虑，用专业的知识和经验来解答他们的问题，帮助大家建立信心。此外，在执行计划的过程中，王丽始终保持灵活性。她密切关注市场变化和团队反馈，根据实际情况及时调整策略，不断完善自己的计划，确保团队始终朝着正确的方向前进。她深知，应对挑战需要不断学习和进步。因此，她始终保持开放的心态，积极学习新的知识和技能。她关注行业动态和市场趋势，学习最新的管理理念和工具，不断提升自己的专业素养和应对能力。

同时，王丽还积极寻求外部资源和支持。她主动与上级领导沟通，争取更多的资源和支持；与同事和其他部门建立紧密的合作关系，共同应对挑战。终于在她的努力下，团队逐渐走出了低谷，业绩也开始稳步提升。

在生活中，我们可能会遇到各种困难和挑战，而要想战胜它们，我们就必须沉得住气，这样才能以不变应万变，才能在困难和挑战中转败为胜。

与人交往是一门大学问。一个人如果沉不住气，就会心浮气躁，不管干什么都不计后果，这样容易得罪人，让自己的社交处境变得更糟。

因此，在与人交往中，我们一定要学会忍耐，凡事都要先沉住气，然后再相机而动。

社交广场

小不忍则乱大谋。聪明的女人都能够稳住心，沉住气。这不仅是一种处世之道，也是一种人生态度。

机智如你，总能"红黑相间，红白并用"

"变脸"源于中国戏剧，是川剧中塑造人物的一种特技，演员以烟火或折扇为掩护，层层变换脸上的面具，蔚为奇观。

在如今这个社会，什么样的人、什么样的事我们都可能遇到，这就需要我们做到见机行事、可刚可柔。

你可以"说单口相声"，教人捉摸不定，显得高深莫测。你也可以扮黑脸做莽汉以杀灭对手的威风，或扮红脸好人以给人台阶，圆满收场。当然，你还可以"演双簧""说对口相声"，一唱一和，让对手如坠云里雾里。白脸给对方制造压力，构成威胁，然后红脸出场，最终取得满意的结果。这种搭配效果，与一人有几面有异曲同工之妙。

需要说明的是，这并不是提倡大家做两面三刀的小人。事实上，智者、机敏者都善于"变脸"，也可以说，这是他们灵活应对事情的必备素质之一。

《红楼梦》里的王熙凤，非常善于察言观色：经常是对方话还没有说出口，她便已经猜到了；或是对方刚说，她就已经办妥了。这样的例子数不胜数。

在林黛玉刚进贾府时，王夫人问王熙凤："是不是拿料子给黛玉做衣裳呀？"王熙凤答道："我早都预备好了。"也许，她根本没有预备什么衣料，但是王夫人就点头相信了。这还是比较平常的察言观色，就是对同一件事，她也能一下子来个一百八十度的大转弯，却说得入情入理，让人听了欢喜。

邢夫人要讨老太太身边的鸳鸯，便先来找王熙凤商量，说老爷想讨鸳鸯做妾，王熙凤一听，脱口说："别去碰这个钉子。老太太离了鸳鸯，饭也吃不成了，何况说老爷放着身子不保养，官儿也不好生做。"她反而劝告邢夫人："明放着不中用，反招出没意思来，太太别恼，我是不敢去的。"

王熙凤如此说，是觉得这件事根本就行不通，但是邢夫人却听不进去，非常不高兴，冷笑道："大家子三房四妾都使得，这么个花白胡子的……"意思是说：要个妾有什么不可以？老太太也未必好驳回，你倒说起不是来了。

王熙凤见邢夫人心性大发，知道是自己刚才那番话惹的。于是立即改口，赔笑道："太太这话说得极是，我才活了多大，知道什么轻重？想来父母跟前，别说一个丫头，就是那么大的活宝贝，不给老爷给谁？"这一番话说得邢夫人又欢喜起来，同样是讨鸳鸯这件事，一正一反的两番说辞同出于凤姐之口，居然都通情达理，动听入耳，这种机变的确让人佩服。

自人类诞生起，随之而来的便是人与人之间的接触与交往。而在与人交往的过程中，要学会灵活应对，见机行事，这样才能更好地维护好与他人的关系，才能恰到好处地处理所临之事。

社交广场

在人际交往中，女性必须懂得自保方可取胜。一味地"软"，粉红脸，无异于纵人欺侮；总是黑着脸强硬或白着脸使诈，又会激化矛盾，落得敌人满天下。聪明的人会"红黑相间，红白并用"，追求软硬兼施的巧妙。

第七章

/

克服交际障碍，
强者从不抱怨环境

摆脱紧张、羞涩，远离社交恐惧

你是不是不想成为别人注意的焦点？你害怕在别人眼里显得愚笨或者很可笑吗？你会因为害羞、紧张而不愿意和他人交流吗……如果你的答案是肯定的，那你很有可能是患上了社交恐惧症。

社交恐惧症主要表现为惧怕社交活动，在心理学上被诊断为社交焦虑失协症。有社交恐惧的人通常会在面对陌生人或被别人仔细观察的情境下感到显著且持久的恐惧，害怕自己不当的举动或紧张的言行会引起难堪，症状严重者甚至会对接打电话、参加聚会、购物等日常的社会交际都感到困难。

心理学上认为，社交恐惧症的产生是由于恐惧症状的反复出现引起情绪焦虑，进而导致回避行为的产生。

很多人会自然而然地将社交恐惧和性格内向混为一谈。实际上，性格内向的人表现为不喜欢或者不愿意主动和他人交往，而有社交恐惧的人往往不能、也不敢与外人接触；性格内向的人不需要刻意做出改变，只需要找到适合自己的生活方式即可，而有社交恐惧的人则需要克服心理障碍，避免因紧张、恐惧影响正常的社交和生活。

　　小莹是一家宠物用品店的前台接待，她身材修长，长相甜美，经常被人夸漂亮。但是小莹却有着自己的苦恼，她面对陌生人总是容易紧张，而且非常害羞，不敢与顾客交流。即便是必须要说点什么，小莹也会不受控制地变得不自然，会出现脸红、说话结巴、心跳加快、手忙脚乱等现象。为了保住这份工作，小莹一直强撑着，不与顾客眼神对视，能回避的交流就尽量回避。但是恰恰因为这样，很多顾客跑去跟店长反映情况，说小莹待人不热情，对顾客爱搭不理，时间长了，店长只好辞退了小莹。

　　小莹的父母对小莹要求很严苛，得知小莹被辞退的消息，两个人轮番上阵批评小莹，责骂她这么大了也干不好工作。小莹把自己关在房间里，她不仅不敢想象以后如何走向职场，甚至对未来的生活也感到万分恐惧。

　　小莹的案例有一定的代表性，很多家庭的父母对子女要求非常严格，想要把子女塑造成完美的人，因此会将子女的不足之处放大，并加以责骂。这种做法看起来是为了家人好，但是完美主义恰恰是社交恐惧的诱因之一。人们在逐渐培养起来的好胜心和自尊心的影响下，无法面对生活中的不完美，就有可能产生社交恐惧。

　　另外，生活中的重大挫折或不光彩的经历也是社交恐惧的一大诱因。很多人在思想懵懂时期经历的事情或遭遇的挫折，在逐渐成长和成熟的过程中，会被现有的观念否定，从而使他们对类似事件乃至社会交际产生回避心理。

对于社交恐惧，治疗方式可以分为心理治疗和药物治疗。无论是心理治疗还是药物治疗，都需要自我调节来作为治疗的基础。下面是几种自我调节的方法。

1. 克服人际敏感

患有社交恐惧的人会对人群产生恐惧，对人际关系过于敏感。要想消除人际敏感，就要充实自己的内心，撤回对他人的防御警戒，尽可能地转移注意力，将注意力转移到自己的兴趣爱好上来。如果你能在他人面前多展示自己擅长的事情，多说自己熟悉的话题，就能在一定程度上消除紧张感和压力，消除人际敏感。

2. 接纳自我

要想保持心理健康，女性朋友就要正确地认识和评价自己。俗话说："当局者迷。"不是每个人都能完全了解自己，所以我们要了解自己的内心想法，认清自己的长处和短处，做出客观的自我评价。没有人是完美的，女性朋友要避免因为自我评价过低而陷入自卑，要学着接纳自我，用"我是独一无二的"这种心态应对社会交际，自然地展现自我。

3. 尝试主动交际

人际交往需要个体适应社会环境，需要个体在社会生活中担任相应的角色，这在一定程度上决定着我们的社会地位和性格心理。女性朋友要鼓励自己主动和他人交往，尝试融入群体，不逃避，不封闭自我，这是保证我们身心健康的基本途径。如果能在积极的交际中收获若干良师益友，则更能促进我们的主动交际，并有望形成良性循环。

　　此外，与人交往时产生的羞怯、紧张等心理有时也源于我们的知识面过于狭窄，在这种情况下，贫瘠的知识面会阻碍主动交际的达成。这就要求我们平时开阔眼界，增长知识面，增加阅读量，丰富阅历。当你能在社交场合流畅地表达自己的意见时，你会发现，与人交流并没有想象中那么困难，宽广的知识面也会让你收获周围人的赞赏，有利于树立自信，克服社交恐惧。

社交广场

　　在过于紧张或感到羞怯时，我们可以转换一下视线，也可以试着深呼吸几下。另外，有研究称人类在遇到危险时会自动停止咀嚼，所以我们不妨在感到紧张时嚼一片口香糖，给自己增加一些安全感。

大方表现自己，你不会被任何事难倒

　　基于生活、家庭、职场等方面的压力，女性在很多社交场合极易生出烦躁、焦虑的情绪，并且这种现象非常普遍。

　　琳娜在公司忙碌了一天，下了班还要去学校接儿子回家，给丈夫、儿子做饭，收拾家务，辅导儿子功课。好不容易哄儿子睡着后，琳娜终于有了属于自己的一点时间，她打算给自己敷张面膜，稍微休息一下。

　　"亲爱的，我明天要开会，你把我那套西装给熨一下吧，还有皮鞋也给擦一下吧，都脏了。"琳娜的老公一边玩手机一边说。

　　"你自己弄吧，我今天太累了。"琳娜有气无力地回答。

　　"什么啊，这些我哪会做？儿子的事情你都给收拾得利利索索，一到我的事你就总是推托，这些本来就应该是女人做的事情啊！"

看着老公这么理直气壮，琳娜没有心情也没有力气和他吵。她撕下敷了一半的面膜，拿出衣橱里的西装，一边熨衣服一边生气，她觉得无比委屈，因为无法排解，焦躁之下，琳娜发了一条朋友圈，她写道："烦死了，一天天没完没了地让人干活，当人是牲口吗？也不看看自己都做了些什么！"

第二天上班路上，琳娜掏出手机，发现昨天自己在朋友圈的吐槽居然被老板误会了，老板以为她是对自己不满，于是留言说："如果这份工作让你感到这么痛苦，那不做也罢！"

虽然琳娜赶紧做出了解释，但过了几天，公司还是以人事变动为由将琳娜辞退了。

在快节奏的社会生活和多方面的压力下，抗压力差的人很容易产生心理困扰，出现焦躁、烦闷的情绪，甚至会有逃避、抗拒等行为。逃避无法解决的问题会加重人的负面情绪，从而导致陷入遭遇更多压力的恶性循环。

所以，我们要正确面对社会交际中的压力，增强抗压力。可以从以下几点来进行。

1. 时刻充满激情和活力

我们的压力很大程度上源自生活或职场中过大的工作量，在疲劳时，我们会产生不快、紧张或忧虑等情绪，这时我们可以采取心理暗示的方法，尝试着让自己充满激情和活力，微笑着面对每个人，面对自己的内心，及时给自己加油打气。久而久之，我们不仅会拥有积极乐观的心态，还能提升抗压能力。

2. 及时地倾诉、宣泄

弗洛伊德指出：每个人都有一个本能的侵犯能量储存器，在储存器里，侵犯能量的总量是固定的，它总是要通过某种方式表现出来，从而使个人内部的侵犯性驱力减弱。这就需要人们及时把不良情绪释放出来。倾诉和宣泄不仅可以有效地释放侵犯能量，还能缓解压力，达到心灵交流的目的。

面对各方面的压力，我们可以将心里的痛苦转化为语言向他人倾诉，也可以通过哭泣、喊叫、写日记等方式宣泄出来。面对压力，哭泣并非软弱的表现，哭泣是人类纯粹情感的爆发，它有助于人们释放体内积聚的神经能量，排出体内毒素，调整机体平衡，从而达到修复心灵的效果。

3. 放下不必要的矛盾

高情商的女性明白，社交的核心在于建立和维护良好的人际关系。她们知道，过于斤斤计较和愤愤不平只会破坏人际关系的和谐，让自己陷入无休止的纷争之中。因此，她们会选择用更加宽容和理解的心态去面对生活中的不平等待遇和过度压力。她们相信，通过积极的沟通和协调，很多问题都可以得到妥善的解决。

她们也知道，在某些情况下，过于纠结于细节和原则只会让问题变得更加复杂。因此，她们会选择放下对细节和原则的纠缠，以更加开放和包容的心态去面对问题。这种心态不仅能够帮助她们更好地处理人际关系，还能够让她们在社交中更加从容不迫、游刃有余。

此外，她们非常注重自己的情绪管理。她们会时刻关注自己的情绪状态，努力保持积极、乐观的心态。当遇到困难和挫折时，她们会积极寻求解决方案，而不是沉溺于消极的情绪中无法自拔。这种情绪管理能力不仅能够帮助她们更好地应对生活中的挑战，还能够让她们在社交中更加自信、从容。

我们会发现，那些高情商的女性还非常善于给周围的人带来安全感和幸福感。她们懂得倾听他人的需求和感受，能够给予他人温暖和支持。她们在社交中总是能够营造出一种温馨、和谐的氛围，让周围的人感受到她们的关爱和真诚。这种能力不仅能够帮助她们赢得他人的信任和尊重，还能够让她们在社交中更加受欢迎、更具影响力。

社交广场

　　阅读也是减压的好方法，能让自己放松。如果你对心理学感兴趣的话，可以多阅读相关内容的书籍。总之，保持积极健康的心态是提升抗压力的不二法门。

远离嫉妒和炫耀，做内心强大的女人

嫉妒源于人和人之间的竞争关系，其根本原因在于人的占有欲没有得到满足。当面对"人有我无，人好我差"的情况时，人在潜意识里会希望将属于别人的东西占为己有；即便无法占据别人的东西，为了减轻内心的受挫感，怀有嫉妒心理的人也要施加破坏，尽可能地将其他人拉回到和自己一样的起跑线上。

嫉妒属于消极的心理，会引发掣肘、造谣、孤立他人等行为。比如：当别人买了一个名牌包时，他们会打击别人说包已经过季，看着太老气；当朋友找了一个好对象时，他们又要求自己的另一半做得更好，以致闹得鸡飞狗跳……嫉妒心重的人永远见不得别人比他过得好。

社会心理学家卡特琳娜·安托尼认为："人在一生中经历一次或者几次嫉妒引起的冲突是很正常的。如果深陷嫉妒的泥潭，始终无法自拔就该警惕了。"

面对嫉妒心，女性朋友可以试着将占有欲转化为发展欲。也就是说，在面对想要得到但属于别人的东西时，要想着依靠自己的努力来获得；要将别人的优秀当成对自己的鞭策和激励，而不是通过贬低他人来抬高自己。

阿娟是家里的长女，父母都是地地道道的农民，她还有一个弟弟。受重男轻女思想的影响，阿娟的父母对弟弟百依百顺，虽然家里的收入微薄，父母也总是给弟弟足够的零花钱，给他买各种各样的零食，并托人把弟弟送去了市里的实验中学读书。

阿娟内心对弟弟非常嫉妒。因为在弟弟享受父母给予的关爱时，她却只能上普通的中学，不但没有零花钱，回家还要扫地、做饭。为此，阿娟一度陷入嫉妒的泥潭，她跑去和父母哭闹，撕烂了弟弟的课本，却因此受到了父母的责骂。很快阿娟就意识到一味嫉妒于事无补，与其停步不前，不如将嫉妒化成动力，她相信，父母给弟弟的，自己靠努力一样能获得。

清醒后，阿娟认真学习，顺利考上了市里的重点高中，后来又考上了名牌大学。而弟弟却在父母的宠溺下荒废了学业，高中毕业后就辍学回家了。

阿娟的父母爱子心切，他们拿出了所有的积蓄给阿娟的弟弟买房、买车、娶媳妇。阿娟得知后也没有被嫉妒蒙蔽住双眼，她利用大学的寒暑假主动寻找实习机会，努力学习，毕业后很快在城市扎根落户，街坊邻居都夸阿娟是个能干的好孩子。

生活中，我们不可能时刻做到完美，面对比自己优秀的人，我们要摆正自己的心态，不让自己的心情因为别人的优秀而受到影响；也可以将嫉妒转化为动力，鞭策自己朝着目标努力前进，控制住自己烦忧的情绪。

嫉妒与炫耀是一对孪生兄弟，如果说嫉妒是被比自己强大的人破坏了所谓的优越感而产生的心理，那么炫耀则是内心渴望被发现、被羡慕，想找回优越感的表现。炫耀在某种程度上是嫉妒心理造成的逆反心理。

嫉妒和炫耀都是一种追求虚荣的性格缺陷，通常情况下，我们所嫉妒和炫耀的东西往往就是我们缺失的东西。女性朋友要知道，嫉妒他人，排挤他人，或在阅历深、见识广的人面前炫耀自己，不但不能填补自己缺失的东西，反而会拉低我们在他人心中的形象，阻碍人际交往的正常发展。

所以，我们要强化自己的内心，正确认识自己，抛弃所谓的优越感。在人际交往中，没有永远的主次之分，我们要遵循平等原则，不把自己看成唯一的主角，也不把他人视为自己的陪衬。

社交广场

内心强大的女人会隐藏起自己的锋芒，并会把别人的优秀化作鞭策自己的力量。如果有人在你面前大肆炫耀，你不妨认真地听，抓住对方炫耀的重点，适时地给予称赞，往往会收到意想不到的效果。

懂变通的女人更具慧眼

在与人交往时，我们不能太死板，要具体问题具体分析，不要被经验束缚了头脑，要冲出惯性思维的樊笼。执着很重要，但盲目的执着是不可取的。随机应变，灵活变通是一种智慧，这种智慧让人受益匪浅。

一天夜里，司徒王允想到董卓的残暴，睡不着觉，便趁着月光来到后花园，仰天落泪。忽然，他听到牡丹亭旁边有人在长吁短叹。王允走近一看，原来叹气的是府中的歌伎貂蝉。

王允问道："你难道有什么心事吗？"貂蝉见是王允，慌忙跪下道："大人从小把我养大，您的恩情我粉身碎骨也难以报答。近来见大人总是皱紧眉头，想来是为国家大事担忧。我又不敢问，因此在这里叹气，不想被您看见。大人如果有用我的地方，我万死不辞！"

王允听了，心里有了主意。

就这样，王允先后将貂蝉许于吕布、董卓二人，又在吕布跟前编了一段话，说董卓要将貂蝉接去与吕布成亲。吕布信以为真，但回到相府打听，又只听说太师娶了新人。吕布大怒，潜入董卓卧房外窥探。貂蝉正在窗下梳头，看见吕布的身影，便故意紧锁双眉闷闷不乐，又频频用罗帕作擦拭眼泪状。吕布见了心如刀绞，却又惧怕董卓，无计可施。

不久，董卓偶然患了小病，貂蝉衣不解带地精心照顾，董卓心中更喜。吕布入内问安，正碰见董卓酣睡，貂蝉在床后探身望着吕布，用手指心，又用手指董卓，挥泪不止。吕布见了心痛欲碎。董卓蒙眬中看见吕布目不转睛地注视床后，回身看见貂蝉。董卓大怒，呵斥吕布："你怎敢调戏我的爱妾！"喝令左右将吕布赶出去，以后不许再入后堂。吕布又怒又恨。董卓谋士李儒知道此事，劝董卓安抚吕布。吕布虽然受了董卓赏赐，心里依然挂念貂蝉。

此后有一天，吕布趁董卓上朝来找貂蝉。貂蝉偷偷约吕布在后园凤仪亭相见。貂蝉向吕布诉说自己被董卓霸占的痛苦。说完，攀着栏杆就要跳入池中。吕布慌忙抱住。貂蝉哭道："我如今度日如年，请将军快来救我。"吕布道："容我慢慢想办法。"貂蝉道："我早就听说将军大名，以为你是天下第一大英雄，谁知你竟然如此害怕老贼！"说完，泪如雨下。吕布听了非常惭愧，只得搂着貂蝉，好言安慰。

这边，董卓来到了后园。他看到吕布的画戟靠在一边，又见吕布和貂蝉两人在亭中说话，不由大怒，抓起画戟大喝一声。吕布大惊，转身就逃。董卓身体肥胖，追不上，便用力将戟向吕布掷去。

吕布将戟打落在地，逃出园门。董卓回来问貂蝉，貂蝉又哭着说吕布调戏她，要太师做主。

李儒劝董卓将貂蝉赐予吕布以笼络吕布，让其死心塌地效忠。董卓不忍，又试探貂蝉，貂蝉哭道："我已经侍奉太师，何故又将我下赐给家奴？我宁死不从！"董卓愈发心软。李儒再劝董卓不可因小失大，被董卓骂出。董卓下令带貂蝉去城堡居住。貂蝉在车上远远看见吕布，就掩面哭泣。吕布站在土丘上，眼望着车子扬起的尘土，叹息痛恨不已。

王允见时机成熟，便用言语激怒吕布。吕布当即立下誓言，要杀董卓。过了几天，王允派人将董卓骗到长安，说让他来做皇帝。董卓得意扬扬地上了朝堂，发现势头不对，回头大叫："我儿奉先在哪里？"吕布跳出来，厉声大呼："有诏讨贼！"一戟直刺董卓咽喉。不可一世的一代枭雄董卓当场被杀。董卓死后，尸体被扔在街上示众。百姓对董卓恨之入骨，无不拍手称快。

王允巧使连环计除董卓这一回中，貂蝉功不可没，她毫不畏惧，绝不手软，凭借自己的美貌和机智成功离间了董、吕二人，借吕布之手除掉了人神共愤的国贼董卓，为江山社稷立下奇功一件。在处理社交问题时，如果我们能像貂蝉那样，学会灵活变通，那么你会发现"柳暗花明又一村"。

勇往直前固然是一种值得赞赏的勇气，但顺势而为、善于变通有时候也是一种不错的选择。学会随机应变巧办事，凡事多走一条路，就会收到意想不到的效果。

比如，假如老板叫你去跟客户谈生意，要求你在保证价格不变的情况下谈成功。但是跟客户洽谈的时候，客户却坚决不肯接受你们提出的价格。这时候，你可以在价格不变的原则上为客户提供其他的优惠，如良好的售后服务、附送赠品等，甚至可以微调一下价格让客户知道你已经让步了。有了这些变通措施，客户心里就会平衡很多，最终实现你们的双赢，这就是灵活变通。如果当时你完全遵守老板的命令，很可能跟这个客户谈崩，那么你就是没有完成任务，很可能受到老板的责怪。相反，若是你在不危及公司利益的前提下稍微提出些优惠措施而完成了任务，相信老板是不会为那点小钱责怪你的，毕竟他更不愿意失去一位客户。

随机应变、灵活变通是一种智慧。一般人都欣赏凡事肯变通、能适应的人，因为这种人在任何时候都不会受到外界因素的影响，在非常时期还能应对突发事件，建立奇功。所以，一有机会，就会有人为变通者提供展示的平台。

社交广场

随机应变、灵活变通是一种智慧，这种智慧让人受益匪浅。无论是在顺境还是在逆境中，学会随机应变巧办事，凡事多走一条路，都会收到意想不到的效果。

第八章

/

忠于自己的女人，
总能找到社交舒适区

女人圆融一下其实没什么不好

我们不难发现，自古至今，所有获得成功的人无不把圆融当成自己为人处世的准则。他们之所以如此，不过是为了变通的需要，以更好地适应一时一事而已。

一次，贾母等人猜拳行令、随意玩乐，黛玉无意中说出了几句《西厢记》和《牡丹亭》中的艳词。这类剧本在当时是禁书，而从黛玉这样的大家闺秀口中说出，更是会被人指责为大逆不道，有伤风化。

好在许多读书不多的人没有听出来。但此事瞒得过别人，怎能瞒得过宝钗？然而，宝钗并没有感情用事，没有为了图一时之快，将此事宣之于众，让黛玉难堪。她这样做给黛玉留了余地，也给自己和黛玉化干戈为玉帛提供了契机。

事后，在没人处，宝钗叫住黛玉，冷笑道："好个千金小姐，好个尚未出阁的女孩儿！满嘴说的是什么？"一个严厉的下马威，让黛玉感到问题的严重性。

黛玉只好求饶说："好姐姐，你别告诉别人，我以后再也不说了。"

宝钗见她满脸羞红，便适可而止，没再往下追问。

这已让黛玉感激不已了。而宝钗的更加精明之处在于，她还设身处地、循循善诱地开导黛玉："在这些地方要谨慎一些才好，以免授人以柄。"

此番真心实意的关心，一席话说得黛玉垂下头来吃茶，心中暗服，只有答应一个"是"了。

此事之后，宝钗果然守口如瓶，没有向任何人透露半点黛玉失言之事。

这使黛玉改变了对宝钗一贯的成见，诚恳地对她说："你素日待人固然是极好的，然而我又是个多心的，竟没有一个人像你前日的话那样教导我……比如你说了那个，我断不会放过的；你竟毫不介意，反劝我那些话；若不是前日看出来，今日这些话，就不会对你说的。"

至此，宝钗和黛玉已达成和解。

为人处世，适当地圆融一下没什么不好，这是交际能力强的一种表现。适当地圆融可以让我们脱离险境，免于尴尬，还可以让我们赢得好人缘，这是一箭双雕的好事。

当然，圆融也是有尺度的。我们在处理具体事情的时候，可以灵活把握尺度，根据不同情况采取不同的处理方法，但是我们要时刻确保我们的内心诚实忠厚。应该坚持的事，要能坚定地表达自己的意见；可以妥协的事，要能设身处地为他人着想，做出适当让步。若什么事都和别人针锋相对，就会使矛盾激化；而事事附和，阿谀奉承，则会被人看成是顺风倒，遭人鄙视。

社交广场

　　成功往往属于处事机智、为人圆融的人。如果你凡事都不肯低头，直来直去，硬拿鸡蛋往石头上撞，那么结果是不言而喻的。轻则处处碰壁，重则得罪别人，置自己于不利之地。

懂得反攻，给足自己安全感

《论语·宪问》中说，有人问孔子："以德报怨，何如？"

孔子回答："何以报德？以直报怨，以德报德。"

可见，孔子是反对"以德报怨"的，如果别人伤害了你，在孔子看来，你就应该"以直抱怨"——用平等的方式来对待他。

如果有人用阴险的方法对你做出格的事情，而你只是一味忍让的话，只会让他人变本加厉地针对你。反之，如果你奋起反抗，对方看到你坚定的态度和真实的能力后，通常就会偃旗息鼓。所以，遭遇暗算，反攻不失为一劳永逸的做法。

马丽在一家对外贸易公司上班。俗话说："林子大了什么鸟都有。"公司里鱼龙混杂，其中就有几个爱搬弄是非、给人下绊子的同事。虽然大部分人都或多或少吃过这些同事的亏，但是苦于同在一个屋檐下，大家抬头不见低头见，而且这些人的业务能力又还说得过去，所以即使大家吃亏了，也都忍气吞声，不想张扬。

但是马丽却是一个例外，她几乎从没有被人暗算过，因为她有一套独有的对付小人的方法。

有一次，上司派马丽去外省洽谈一个大项目，明确告诉她可以在公司任意挑选同伴一同前往。马丽想了想，说："那就和张彬一起去吧。"

马丽的一个关系很好的同事得知马丽的决定后，大吃一惊，因为张彬在公司里是出了名的狡猾、小气，还爱抢风头，很多同事都不待见他，都是能躲就躲，她搞不懂马丽为何会主动选他一起出差。

马丽笑着说："这个项目对公司来说非常重要，这是大家有目共睹的。张彬一直对这个项目很眼馋，前期的信息整理和估算也都是他负责的，现在不带他一起去的话，难保他不会暗中使绊，从中作梗。相比之下，不如带上他，他前期既然参与进来了，对这个项目也算是一大助力，并非一无是处，而且事成了他能分一杯羹，这样能避免他心存不满，无论对我还是对公司，都是有利无害的事。"

同事听了，拍手称赞，她没想到马丽居然以退为进，将张彬牢牢地看在自己的眼皮底下，这招实在比一味防着他强多了。

在生活中，我们常常会遇到像案例中张彬一样的人，本来大家相安无事，可你在前面做事，他却在后面捣鬼，使你莫名其妙就被"捅"上一刀。对于这种人，要根据不同的情况予以不同的反击，可以直接反击，也可以像案例中的马丽一样避开以硬碰硬的方式，以柔克刚，同样赢得漂亮。

有些女性朋友不愿意直面是非，遇到暗算也不想主动反攻。在这种情况下，女性朋友要与以下几类人保持距离。

1. 经常抱怨的人

对生活中不顺心的人或事稍加抱怨是正常的，但如果你发现身边的人有大肆抱怨的现象，开口"真讨厌"，闭口"真受不了他"，甚至经常抱怨他的好朋友，你就要离他远一些了，难保他不会在长期的负面情绪中采取什么小动作来发泄，也难保他不会在别人面前抱怨你。

2. 好胜心强的人

虽然每个人都会有对比的心态，但过于强烈的好胜心会催生嫉妒、攀比等不良心态，甚至会让人为了突出自己不择手段。难保什么时候你就会成为他对比的目标，所以应提早注意。

3. 人际关系有问题的人

俗话说："日久见人心。"如果你发现身边有人在人际关系方面不太正常，那也要多加留意。人际关系有问题不代表一个人完全没有朋友，而是指大家对他的印象很差，很少有人和他来往，或者这个人没有长久的朋友关系，等等。

社交广场

　　在复杂的人际关系中，面对他人的暗算，主动预防也好，直接反攻也好，以柔克刚也好，女性朋友都要学会保护自己，不要一味防守，否则失了自己的原则不说，还会被人步步紧逼，落入退无可退的境地。

清醒女人，不会被爱冲昏头脑

聪明的女人处理亲密关系时，总能把握爱的尺度，给自己一点空间，保持自我的独立。中国女诗人舒婷在《致橡树》中是这样描绘爱情的："仿佛永远分离，却又终身相依。"爱情其实也需要留有呼吸的空间。

比如，当一个男人要离开你时，你要问自己还爱不爱他。如果你不爱他了，千万别为了可怜的自尊而不肯放他离开。

如果一个女人真心地爱着一个男人，她也可以用另一种方式拥有，让爱人成为生命里永恒的回忆。

勉强得到的爱也只是一种廉价的施舍，施舍的感情根本没有任何意义。强求维持一份已经不对等的感情，一厢情愿地付出，根本不是爱，又何谈幸福呢？为一个不爱你的人伤心，是绝对不值得的。一个真正爱你的人，他会尊重你、欣赏你，而不是挑剔你。动不动就强迫你去改变的人，绝不是真心爱你的人。无端地挑剔，或许只是他想和你分手而又不想承认的借口。你的委曲求全没有任何意义。别人已经不爱你了，在心里不尊重你了，你却还要赶着让人贬低，这到底是爱还是自虐呢？如果你想得到真爱，就一定要记住，在爱情里，永远都要做个有尊严的人。

当爱的时候，那就是真爱了；不爱的时候，那也就是真不爱了。要知道求来的爱情是多么的虚弱和苍白。如果是自己的错，那我们没有责怪任何人的权利；如果是他的无情，那痛心的更不应该是自己，你失去的是一个薄情寡义的人，而他失去的则是一个今生永远爱他的人。或许他此刻不再爱你，但总有一天他会记起你曾经的好。

在爱情中，男人和女人的机会是平等的，就看对爱情的态度了。如果可以不再为爱偏执，不再在一棵树上吊死，又何须躺着去挽回爱情，跪着去求爱情呢？女人，只有先爱自己，才能赢得更多的爱。

社交广场

世界对每一个人都是公平的，女人的天地和男人的是一样宽的。没有谁能圈住女人，聪明的女人不会被爱冲昏头脑。

远离是非，才能不被他人左右

世上没有人会喜欢别人说自己的不是，所以我们为人处世，一定要力戒多嘴的毛病。

吴娟是个很热心的人，平常好见义勇为，"该出手时就出手"。一天，办公室的小张和刚来的小王因为工作上的某件事情争论了起来。一个说按照以往的经验这样做是肯定没有问题的，另一个说以前的做法放到现在已经行不通了。两个人你一言我一语，看神情誓要把对方说服为止，彼此完全没有让步的意思。办公室里的其他同事也没有要劝和的意思，反而有看好戏的意味。

这时刚从外面回来的吴娟一看情况不对，马上发挥了自己古道热肠的性格，上前劝说："小张，其实现在社会是改变了，有些事情改变一下做法也不是一件坏事啊。""小王，我想小张的经验对我们来说也有参考的价值，多听听也不错。"正僵持不下的两人，看到吴娟就仿佛看到了发泄的出口。"既然你觉得他有道理，那这件事情就你来做吧。"小张说完转身就走了。"看不出来小姑娘你很会讲话，我是不会沟通，那就你做吧。"小王也丢下吴娟走了。本来出来打圆场的吴娟只能愣在那里，心想：我到底招谁惹谁了啊，还不是为了大家好？吴娟不知道她又犯了多嘴的毛病。

有时候，你会突然发现自己身处颇为微妙的境遇：当两个或更多彼此看不顺眼的人几乎就要起言语冲突时，你刚好就在现场。对于那些毫无心机的人而言，他们似乎是在争论有关工作上的小事。但是，你要知道这只是表面现象，主要原因在于他们根本就是彼此讨厌对方。此时你一定要克服想插嘴的渴望。因为基本上，无论你说什么都是错的。

晚清名臣曾国藩是一个谨小慎微的人，他懂得严守口风，以避免是非的道理。

《曾国藩家书》记载，咸丰八年（1858）正是湘军事业如日中天之际。此时，曾国藩的九弟曾国荃趾高气扬，曾国藩在三月内连续两次给九弟写信，劝说他做人要低调谨慎。他于三月初六的信中写道："自古以来，因不好的品德招致败坏的有两个方面：一是长傲，一是多言。尧帝的儿子丹朱有狂傲与好争论的毛病，此两项归为多言失德。历代名公高官，败家丢命，也多因这两条。我一生比较固执，很高傲，虽不是很多言，但笔下语言也有好争论的倾向……沅弟你处世恭谨，还算稳妥。但温弟却喜谈笑讥讽……听说他在县城时曾随意嘲讽事物，有怪别人办事不力的意思，应迅速改变过来。"

　　曾国藩生怕曾国荃忘了此二戒，七天后又写信告诫曾国荃要力戒骄傲和多嘴的毛病。在不了解他性格的人看来，他似有唠叨之嫌。然而，这种表达，确实是一种自保的方式所在。他的用意就是打消当朝统治者对他们兄弟的担心，表明他们忠于朝廷，绝无二心。

　　当然，世易时移，今日职场与古代官场不可同日而语，然而，你仍然要懂得谨小慎微，千万不能骄傲或者多嘴，否则，倒霉的只会是你。

　　不要轻易掺和别人的浑水，浑水多半是祸水，一旦自己被牵扯进去，只能落得个里外不是人的结局。除非你有十足的把握，否则，千万不要口无遮拦，多管闲事。总之，千万不要把自己陷于危险的境地。

社交广场

　　面对别人的冲突，在没有能力控制前，你千万不要随便地掺和进去。一旦掺和进去，可能吃力不讨好。聪明人都懂得远离是非，管好自己的嘴。

49个女人高情商表达话术

1. 当对方不理你时……

一般女人：

你在干吗，这么久也没联系我？

高情商女人：

（1）我们之间最大的默契就是你不言、我不语。

（2）我只是想知道是否有什么我可以做的，或者你是否需要一些时间来恢复精力？

（3）等你想交谈的时候，可以随时找我哦！我会尽力聆听和理解的。

（4）我注意到你最近没有回复我的消息，如果有什么我可以帮忙的，请随时告诉我。

（5）我知道你可能正在处理一些重要的事情，我只是想知道我是否在处理的事情范围内。

（6）我只是想确认一下你是否一切都好。

2. 当你惹对方生气时……

一般女人：

我错了，别生气了。

高情商女人：

（1）我打算哄哄你，希望你给我点面子。

（2）我意识到我犯了一个错误，你能给我点时间让我承认错误吗？

（3）我知道你现在可能还想冷静一下，我会给你空间。等你准备好再谈吧。

（4）我真的很后悔我的所作所为，你能原谅我吗？

（5）现在，请你和我一起想想如何解决这个问题吧。

（6）我明白你为什么生气，我的行为确实让你不舒服了。

3. 当对方喊好累时……

一般女人：

一天啥事都干不成，只会喊累。

高情商女人：

（1）努力工作的你真优秀，但也要保重身体。

（2）是身体还是精神上疲惫？有什么我可以帮你的吗？

（3）记住，你不是一个人在战斗，我会一直支持你。

（4）也许你应该休息一下，给自己放个假。有时候，小小的休息能带来大大的改变。

（5）需要我帮忙做些什么吗？比如分担一些工作或者陪你聊聊天？

（6）要不要一起去散个步或者看个电影，换个心情？

4. 当对方拒绝你的邀约时……

一般女人：

好吧，那改天。

高情商女人：

（1）想当年诸葛亮都没你这么难请啊。

（2）哈哈，没问题！下次再一起出去玩吧，这次我先去探探路。

（3）如果你对这个活动不感兴趣，你有没有其他想做的？我很愿意陪你一起。

（4）我们的关系不会因为这次没能见面而受影响，我很珍惜我们之间的情谊。

（5）没问题，我理解。希望下次你的日程能更宽松些，我们再一起出去玩。

（6）没关系，拒绝我是你的权利，下次我再提个更有趣的计划。

5. 当你问对方有没有吃饭时……

一般女人：

你吃饭了吗？

高情商女人：

（1）隔着屏幕都能听见你的肚子咕咕叫，你能不能对自己好一点，赶紧去吃饭。

（2）还没吃啊，要不要一起去吃点什么？我请客！

（3）还没吃饭啊，难道是在减肥吗？哈哈，开玩笑的，快去吃点吧！

（4）我刚吃了一顿美味的饭菜，你呢？要不要我推荐几家好吃的餐厅给你？

（5）记得要按时吃饭哦，身体是革命的本钱。

（6）你知道吗？吃得饱饱的，心情也会很好哦！

6. 当对方说最近好烦时……

一般女人：

哪里不开心了？

高情商女人：

（1）有啥事尽管说，在我这里不用那么坚强。

（2）一切都会好起来的，我会一直支持你，有需要随时找我。

（3）我相信你有足够的能力和智慧去处理这些烦恼。加油，你一定可以的！

（4）是不是有什么事情困扰着你？如果你愿意的话，可以跟我说说。

（5）我理解你现在的感受，有时候生活确实会给我们带来一些烦恼。

（6）无论你需要倾诉还是寻求建议，我都会尽我所能帮助你。记得，你不是一个人在面对这些。

7. 当对方跟你说"加油"时……

一般女人：

谢谢，我会的。

高情商女人：

（1）油量不足，可能还需要一个拥抱。

（2）谢谢你的支持，有你在身边我感觉更有动力了。

（3）我不会让你失望的，我一定会全力以赴。

（4）每次听到你的鼓励，我都能感受到正能量正在召唤我前进。

（5）哈哈！我已经加满油了，随时可以出发！

（6）好嘞！我这就去踩油门，加速前进！

8. 当你被对方逗笑时……

一般女人：

哈哈哈！

高情商女人：

（1）和你聊天很开心，难道这就是共鸣吗？

（2）下次我们见面，你可得再准备些好笑的故事来逗我哦！

（3）每次和你在一起，总是能让我忘记烦恼，真的很感谢你。

（4）我得说，你真的很有逗人笑的本事。

（5）你真的很有幽默感，每次跟你聊天都能让我笑得合不拢嘴。

（6）哈哈！你要是再这样逗我，我就要笑得肚子疼了！

9. 当对方说你不懂他时……

一般女人：

我可以慢慢了解你。

高情商女人：

（1）人心如海深，要想懂你还真不是一件简单的事。

（2）对不起，请再给我一次机会，让我更好地倾听你的感受和想法。

（3）我知道每个人都有自己的独特之处，我可能没能立刻理解你，但请相信我在努力。

（4）我承认我可能不是最懂你的人，但我愿意学习和成长，以便更好地理解你。

（5）我理解被理解的重要性，我会尽我所能去理解你，支持你。

（6）我可能没有完全理解你的意思，但我真的很想懂你。你能再跟我分享一下吗？

10. 当对方说在喝酒时……

一般女人：

和谁一起喝呢？怎么不叫上我？

高情商女人：

（1）喝酒请找我，你和别人喝酒我不放心，因为不是每个人都像我这么有责任心。

（2）喝酒可以放松一下自己，但别忘了照顾好自己，不要喝太多哦！

（3）喝酒的时候配点小食更美味，你有没有尝试过？

（4）看来你是个懂得享受生活的人啊！不过别忘了，酒精可是个小调皮，别让它捉弄了你哦！

（5）喝酒的时候喜欢听什么音乐或者做什么活动呢？有没有什么特别的喜好呢？

（6）你是在和朋友一起喝酒吗？聚会气氛怎么样？

11.　当对方只说了一个"哦"时……

一般女人：

你就没话跟我说了吗？只回个"哦"。

高情商女人：

（1）你能借我两块钱吗？感觉咱俩关系淡了，我想买包盐拌一下。

（2）哈哈！一个"哦"字让我感觉到了世界的深邃，你是不是在思考宇宙的秘密？

（3）哦？是不是我的话题太无聊了，把你给说困了？

（4）我还发现了一些有趣的事情，你可能也会感兴趣。

（5）关于这个，你有什么想法吗？我很想听听你的观点。

（6）你似乎对这个话题不是很感兴趣，要不我们换个别的话题聊聊？

12.　当对方问"我们现在什么关系？"时……

一般女人：

你说呢？

高情商女人：

（1）当你表现好的时候，我仿佛有那么一种恋爱的错觉！

（2）我们现在是"不断探索中"的关系，你觉得这个定义怎么样？

（3）对我来说，你很重要。我希望我们能够共同决定我们关系的走向。

（4）我很珍惜我们现在的友谊，如果你想要更多，我们可以慢慢探讨。

（5）我一直在思考这个问题，我觉得我们之间的关系很独特。你希望我们是什么关系呢？

（6）我认为我们现在是好朋友，彼此信任和支持。你觉得呢？

13. 当对方当众说你很优秀时……

一般女人：

没啦，还行吧。

高情商女人：

（1）那是，不然怎么配得上你和大家呀！

（2）哎呀，你这么夸我，我都要脸红了！

（3）你的赞美对我来说意义重大，同时我也要说，你的努力和成就同样令人钦佩。

（4）感谢你的赞美，我觉得自己的成长离不开大家的支持和鼓励。

（5）谢谢你，你的夸奖真是让我受宠若惊。我其实还有很多需要学习和提升的地方。

（6）哈哈！你是不是看到了我隐藏的超人标志？

14. 当对方问你觉得他怎么样时……

一般女人：

我觉得你很好，温柔体贴。

高情商女人：

（1）你觉得自己怎么样呢？我想听听你的想法。

（2）我觉得你非常棒，总是充满活力和创意，和你在一起真的很受启发。

（3）我觉得你在照顾人方面特别出色，比如那次你送我去医院，你的表现真的让我印象深刻。

（4）和你在一起总是让我感到很愉快，你的幽默感和善解人意的特质真的很吸引人。

（5）我觉得你很特别，很幸运能认识你。

（6）我非常欣赏你的独立，如果能在为人处世方面稍加努力，我相信你会取得更大的成功。

15. 当对方给你发了张美食照片时……

一般女人：

看起来不错哦！

高情商女人：

（1）你这是在馋我吧，下次要请我吃哦！

（2）看着就让人垂涎三尺，你的品味真不错！

（3）看起来你今天的胃口很好，是不是心情也很棒呢？

（4）这道菜是你自己做的吗？看起来手艺很棒哦！

（5）哇，这道菜看起来真是太美味了！我都能闻到屏幕里的香味了。

（6）完了完了，看着这张照片我感觉我又要胖了！

16. 当对方说你好有趣时……

一般女人：

你也是。

高情商女人：

（1）你才发现啊！我一直都是个隐藏的"开心果"呢！

（2）非常感谢你的夸奖，我很高兴能给你带来一些乐趣。

（3）哈哈！我觉得你也很有趣啊！我们在一起总是这么开心。

（4）哈哈！我可是专门练习过怎么变得有趣的，看来效果还不错嘛！

（5）真的吗？那你觉得我哪里最有趣呢？

（6）听到你这么说，我真的很开心。

17. 当对方过生日时……

一般女人：

生日快乐！

高情商女人：

（1）我遇见你很晚，但我会陪伴你很久，亲爱的，生日快乐！

（2）祝你生日快乐！听说智慧与年龄成正比，看来你又要升级成"智者"了！

（3）虽然又老了一岁，不过别担心，你依然是我心中最年轻、最有活力的人。生日快乐！

（4）真的很庆幸有你在我的生活中。祝你生日快乐，愿我们的友谊天长地久。

（5）祝你生日快乐！愿你的智慧与美丽随着岁月的增长而愈发耀眼。

（6）生日快乐！愿这一岁的你比过去更加勇敢、更加幸福，所有的梦想都能触手可及。

18. 当对方说今晚没法聚餐时……

一般女人：

你怎么又在忙啊？

高情商女人：

（1）今晚不能见到你真有点可惜，但我们随时保持联系，期待下次的相聚。

（2）真遗憾你不能来，不过我们会想念你的。下次有机会再一起聚吧！

（3）没关系，你今晚有事的话，我们可以安排别的时间。重要的是大家都能开心地聚在一起。

（4）如果你今晚实在来不了，我们可以改个时间再聚，或者看看有没有什么其他方式可以一起享受这段时光。

（5）完全理解，我们都有各自的事情要忙。希望你能处理好自己的事情，我们下次再聚。

（6）你的事情更重要。我们聚餐的机会多的是，你先忙你的。

19. 当对方讲述你过去的傻事时……

一般女人：

你能不能别说了？

高情商女人：

（1）哈哈，那时候的我真是太天真了！不过，谁没有点傻乎乎的过去呢？

（2）哎呀，你这么一说，我都要脸红了，确实做过不少让人哭笑不得的事情。

（3）每个人都有成长的过程，那些傻事也让我学到了很多。

（4）是啊，那时候真的很傻，但也是很美好的回忆。谢谢你还记得这些。

（5）好啦好啦，别提那些糗事了。我们还是来聊聊最近的趣事吧！

（6）其实，我觉得更重要的是我们现在都成长了，变得更加成熟和明智。

20. 当对方向你提出建设性的批评时……

一般女人：

我知道错了。

高情商女人：

（1）谢谢您的指导，我明白您的意思，我确实需要在这方面加以提升。

（2）我完全同意您的看法，针对这个问题，我已经制订了一套详细的改进计划。

（3）我很感激您对我的期望和要求，我会把这次批评当作一个学习的机会，努力提升自己。

（4）您的批评让我更加明确了自己的不足，我会以积极的态度去改进和学习。

（5）对于如何具体实施您的建议，我还有一些疑问，能否请您再详细指导一下？

（6）您的批评非常到位，我会按照您的建议，采取措施来改进。

21. 当对方觉得你不怎么会说话时……

一般女人：

抱歉，我不善言辞。

高情商女人：

（1）哈哈！看来我还得多向你学习说话的艺术。不过，我正在努力练习中。

（2）我不太擅长言辞，但我很重视你的意见。你能具体说说我在沟通上需要注意的地方吗？

（3）我可能不是最会说话的人，但我在其他方面有自己的专长和贡献。我相信团队中每个人都有自己独特的价值。

（4）你的话提醒了我，沟通是一项重要的技能。我会努力提升自己的口才，让交流更加顺畅。

（5）虽然我可能不太擅长言辞，但我会通过其他方式来弥补这一不足，比如更加细心地倾听和理解他人的需求。

（6）请问你觉得我在哪些方面的表达可以改进呢？我很愿意

听听你的建议。

22. 当对方总是叫错你的名字时……

一般女人：

我叫×××。

高情商女人：

（1）哈哈，看来我是个难以捉摸的人物，连名字都这么容易让人搞混！

（2）其实我叫×××，可能你之前听错了。没关系，现在知道就好。

（3）没关系，我的名字有些难记。你可以叫我×××，慢慢来，我们会越来越熟的。

（4）哦，你可能记错了，我叫×××。没关系，名字嘛，多叫几次就熟悉了。

（5）哎呀，我叫×××，不过没关系，我知道我有种让人记不住名字的特异功能。我们再来一次吧！

（6）我理解，名字有时候确实容易混淆。我叫×××，如果你不介意的话，我可以多提醒你几次。

23. 当对方告诉你他换了新工作时……

一般女人：

哦，真的吗？

高情商女人：

（1）太棒了！真是为你感到高兴。新环境肯定很令人兴奋，你一定能够大展宏图。

（2）换工作是个大胆的决定，我很佩服你的勇气。新工作有哪些方面最吸引你？

（3）新工作是个新的开始，也是个新的学习机会。我相信你会抓住这个机会，取得更大的成功。

（4）你的新工作听起来很令人振奋。如果有机会，希望我们能够在未来的某个项目中合作。

（5）太好了！你的新工作肯定能够让你接触到更多有趣的项目和人。有机会一定要和我分享你的新经验哦！

（6）新工作听起来很不错！能告诉我更多关于这个职位和公司的情况吗？我很想听听你的新计划。

24. 当对方问你最近去哪儿玩了时……

一般女人：

呃……没去哪儿玩……就随便逛了逛。

高情商女人：

（1）我去×××放松了一下。你呢？最近有没有什么旅行的打算或者推荐的地方？

（2）哈哈！我最近去了一个秘密基地，不过不能告诉你具体是哪里哦！

（3）我最近去了一个地方，那里简直像是人间仙境！不过，要是告诉你具体是哪里，岂不是破坏了神秘感？

（4）我最近去了一趟×××，玩得特别开心！每次旅行都能带给我新的感受和启发。你有没有什么难忘的旅行经历想要和我分享？

（5）我最近去了一趟×××，真是太美妙了。你有兴趣听听我的旅行故事吗？

（6）最近去了一趟海边，那里的日落真是太美了，让我感觉身心都得到了放松。

25. 当对方满口假话时……

一般女人：

你就别骗我了。

高情商女人：

（1）你的话听起来挺有意思的，不过我可能需要再确认一下事实。

（2）哦，原来是这样啊！我可能听到了不同版本的信息，有点混淆了。

（3）也许我们是从不同的角度看待这个问题，所以有些信息出现了偏差。

（4）我不太确定是否完全理解了你的话，能否请你再详细解释一下？

（5）你的话让我有些困惑，因为之前我听到的信息似乎与此不符。

（6）能否请你提供一些证据或来源来支持你的说法？这样我就能更好地理解了。

26. 当对方说话粗鲁不雅时……

一般女人：

你的嘴巴可真不干净。

高情商女人：

（1）请注意你的言辞，我们希望保持一个友好和彼此尊重的交流环境。

（2）你的话让我感到不舒服，请用更礼貌的方式表达你的观点。

（3）我很遗憾听到你这样说话，我希望我们能够以尊重和理解彼此的方式交流。

（4）你是否意识到你的话可能伤害到了别人的感情？

（5）我觉得我们可能有些误解，让我们试着聚焦于讨论的问题本身，而不是情绪。

（6）你的话让我感到惊讶，我希望我们能够保持一个更文明和友好的对话氛围，请重新组织你的话语。

27. 当对方沉迷于自我炫耀时……

一般女人：

你就别吹牛了。

高情商女人：

（1）我明白你有多自豪，这真的很了不起。不过我们刚才是在讨论另一个话题，能回到那上面吗？

（2）听起来你在这方面很有经验，能分享一些具体的挑战和讲讲你是如何克服它们的吗？

（3）哈哈，看来你是个自信满满的人啊！我们都应该学习你的自信，不过请给我们这些凡人留点机会展示一下自己哦！

（4）你的成功肯定来之不易，我很想知道在这个过程中有哪些人或哪些事给了你最大的支持？

（5）我理解你的感受，因为我也有过类似的经历。那时候，我也是付出了很多努力才取得了想要的结果。

（6）很高兴听到你的好消息，继续保持。

28. 当对方在你跟前唉声叹气时……

一般女人：

多大的事啊，值得你这么唉声叹气。

高情商女人：

（1）我注意到你似乎有些烦恼，如果愿意的话，可以跟我说说。

（2）无论你是需要倾诉还是寻求建议，我都会尽我所能帮助你。

（3）试着换个角度看问题，或许你会发现不一样的解决方案。

（4）你看，你这么叹气，都快把屋顶给掀翻了。来，笑一下，让气氛轻松点。

（5）如果你现在不想说话，没关系，我可以陪你坐着，直到你愿意分享。

（6）有时候放下手头的问题，去做一些喜欢的事情，回来时问题可能就迎刃而解了。要不要一起去试试？

29. 当对方想要打探你的隐私时……

一般女人：

这是我的个人隐私，不方便说。

高情商女人：

（1）我很感激你对我的关心，但对于这个问题，我比较倾向于保持私密。

（2）有些事情我更喜欢藏在自己心里，希望你能理解。

（3）我觉得我们之间有很多其他有趣的话题可以聊，比如最近的电影或者你喜欢的旅行目的地。

（4）你为什么对这个特别感兴趣呢？其实在我看来，每个人都有自己的小秘密。

（5）在我们的关系中，我觉得信任和尊重是非常重要的。有些事情我可能不太愿意分享，但这并不代表我不信任你。

（6）哎呀，我这个人比较神秘，就像是一本没有目录的书，你只能靠猜了。

30. 当对方在你面前说别人坏话时……

一般女人：

我不喜欢听你现在说的这些，请不要说了。

高情商女人：

（1）我觉得每个人都有优点和缺点，我们还是多聊聊其他事情吧！

（2）嗯，可能每个人对这件事的看法都不同吧。我更倾向于看到人们积极的一面。

（3）我觉得我们应该多关注人们的优点和努力，毕竟每个人都有自己的成长过程。

（4）哈哈，你这是不是在给我挖坑啊？我可不想背后说人坏话。

（5）如果我们对某人有意见，或许可以直接和他们沟通，这样可能会更有效地解决问题。

（6）我觉得我们应该尝试理解别人的立场和难处，这样我们才能更好地与人相处。

31. 当你需要说服对方时……

一般女人：

你还是听我的吧，我的准没错。

高情商女人：

（1）你看，最新的研究数据更支持我的观点。

（2）如果我们能够在这个问题上达成一致，那么对整个团队都是有益的。

（3）我很欣赏你的观点，不过我想补充一下我的看法，或许我们可以结合两者来找到更好的解决方案。

（4）我明白你的担忧，但请相信我，我的建议是为了让我们的合作更加顺利。

（5）我明白你有顾虑，不过我已经考虑到了这些，并准备了相应的解决方案。

（6）我们可以设身处地地想一下，如果是你处在我的位置，相信你也会做出同样的选择。

32. 当对方没话找话时……

一般女人：

你到底想和我说什么呢？

高情商女人：

（1）哈哈，看来我们都在努力找话题呢！要不聊聊最近的热门电影？

（2）你觉得最近有什么值得关注的事情吗？我们可以一起交流交流。

（3）你最近过得怎么样？有没有什么新鲜事想分享？

（4）我觉得你是一个很有见识的人，我很想听你分享一些你的看法或想法。

（5）不用担心找不到话题，其实和你聊天很愉快，我们可以随意聊聊。

（6）要不我们换个环境，去喝杯咖啡或者散个步，说不定会有新的话题。

33. 当对方拿你的姓名乱开玩笑时……

一般女人：

拿别人的名字开玩笑，真是过分了啊。

高情商女人：

（1）哈哈！看来你对我的名字情有独钟，不过乱开玩笑的话，我可是要收费的哟！

（2）我知道你可能只是想开个小玩笑，但名字对我来说有特殊的含义，希望你能理解。

（3）说到名字，其实每个名字背后都有故事。要不我们聊聊你的名字有什么特别的含义吧！

（4）虽然你可能没有恶意，但我还是希望你能尊重我的名字，不要随意调侃。

（5）哈哈！没想到我的名字这么有创意，都能成为你的玩笑对象。

（6）名字是父母给的，对我来说很特别，希望我们能尊重它。

34. 当对方过分赞美你时……

一般女人：

你过奖了啊。

高情商女人：

（1）得到你的赞扬我真的很荣幸，但我认为成功离不开努力和运气的结合。

（2）哈哈！你这么说，我都有点不好意思了。下次记得给我留点面子哦！

（3）能得到你的肯定，我感到非常荣幸。你也有很多值得我学习的地方。

（4）你的赞美让我受宠若惊，但我觉得自己还有很多需要提升的地方。

（5）谢谢夸奖，但我觉得团队中的每个人都贡献了自己的力量。

（6）我们的目标是一起取得更大的成就，每个人都有不可或缺的贡献。

35. 当对方的行为令你感到不愉快时……

一般女人：

你的这种行为让人很反感。

高情商女人：

（1）我注意到你的行为有些过分，这让我感到有些不舒服。我们能否调整一下交流方式？

（2）我可能误解了你的行为，你能解释一下你这样做的原因吗？

（3）我觉得如果我们换种方式解决这件事，可能会更有利于我们的交流。

（4）我理解每个人都有不同的行为方式，但对我来说你的行为让我有点困惑，我们能否找到一个双方都能接受的解决方案？

（5）我相信我们都希望能达成一个双方都满意的结果，但你的行为可能会阻碍我们实现这一结果。我们能否一起讨论如何改进？

（6）我理解你的行为可能是无意的，但对我来说它已经超出了我的舒适区。我希望你能尊重我的感受。

36. 当对方挖苦你的容貌时……

一般女人：

你也太肤浅了吧！

高情商女人：

（1）我觉得评价别人的外貌是一种很不成熟的行为，你觉得呢？

（2）我知道我长得不完美，但我觉得自己很独特，这就足够了。

（3）哦，我觉得谈论内在更重要，比如我的善良和聪明才智。

（4）我知道我看起来不错，但你也不用这么直接夸我吧，哈哈！

（5）哎呀，我看你是嫉妒我长得比你有特色吧！

（6）你是不是觉得评价别人的外貌可以让自己看起来更优秀？

37. 当对方给你设圈套时……

一般女人：

我是不会上当的。

高情商女人：

（1）我觉得我们更应该关注的是如何解决问题，而不是在这些问题上设限。

（2）我感觉你似乎想引导我说出某种特定的答案，但我想保持自己的独立思考。

（3）我感觉你这是想给我挖坑啊！不过放心，我跳舞还可以，挖坑就不太行了。

（4）你的这个问题很有意思，但我更想探讨的是另一个问题。

（5）这个问题涉及很多方面，不是一两句话能说清楚的。

（6）我很欣赏你的对话技巧，但我不打算在这个问题上跟你玩文字游戏。

38. 当对方觉得你太温柔时……

一般女人：

我本来就这样啊。

高情商女人：

（1）其实，我也曾在需要时展现出坚定的一面。温柔并不妨碍我在必要时站出来。

（2）你觉得在某些情况下，我应该如何表现得更果断一些呢？我很愿意听听你的建议。

（3）哈哈，看来你是觉得我太善良了！不过别担心，我也有"犀利"时刻哦！

（4）我可能看起来温柔，但我也有我的坚持和原则。我只是希望以更平和的方式处理问题。

（5）谢谢你的赞美。我认为温柔是一种美德，它使我更懂得尊重和理解他人。

（6）当需要时，我也能做出果断的决策。温柔只是我选择与世界相处的一种方式。

39. 当对方说你不符合他的期望时……

一般女人：

我也觉得你不适合我。

高情商女人：

（1）我理解你，我也有同样的感受，可能我们在某些方面确实不太匹配。

（2）能否请你具体说一下，是哪些方面让你觉得我不合适呢？这样我可以更好地理解你的看法。

（3）我尊重你的看法，但我相信每个人都有自己独特的价值和优点。也许我们可以进一步交流，看看是否有其他方面的契合。

（4）谢谢你的坦诚相告。即使我们可能不合适，我也很感激有机会与你交流。

（5）我很遗憾听到你说觉得我们不合适。不过，我相信每个人都会找到最适合自己的伙伴或机会。祝你一切顺利！

（6）也许现在我们确实不太合适，但未来总是充满变数。说不定在某个时候，我们的观点和目标会更加契合。

40. 当对方质疑你的品味时……

一般女人：

你的品味也没高到哪里去啊！

高情商女人：

（1）品味这东西，就像萝卜白菜，各有所爱嘛！说不定你哪天就喜欢上我现在的品味了呢。

（2）哦？那你觉得怎样的品味才算高级呢？我很想听听你的看法，也许我们可以一起交流学习。

（3）我明白你的意思，但我很喜欢我现在的选择。品味是很主观的，我相信自己的感觉。

（4）感谢你对我的关心，但我认为品味是私人的事情，只要我自己喜欢就好。

（5）可能我们在某些方面的品味确实不同，但我相信我们也有很多共同的喜好和兴趣。

（6）也许你说得对，我还在不断学习和提升自己的品味。感谢你的建议，我会考虑拓宽我的视野。

41. 当对方总不帮你做家务时……

一般女人：

你就不能搭把手吗？家务又不是我一个人的事！

高情商女人：

（1）我们都希望家里整洁舒适，一起分担家务是实现这个目标的重要一步。你觉得呢？

（2）做家务很烦琐，而且我感到有些疲惫。我们能不能一起找出个办法来让家务变得更轻松？

（3）关于家务，我们可以轮流做，或者每人负责自己擅长的部分，你觉得哪种方式更好？

（4）我们家是一个团队，每个人的贡献都很重要。你觉得我们可以怎样更好地在家务上协作呢？

（5）我觉得最近家务事有些多，如果能有人一起分担的话，我会感到轻松很多。

（6）你能否在有空的时候和我一起讨论下家务分工？这样我们可以找到一个让双方都满意的解决方案。

42. 当对方对你表现出不耐烦时……

一般女人：

你这是什么态度啊？

高情商女人：

（1）如果你现在需要一些独处的时间或空间来处理自己的事情，我完全理解。等你准备好再谈吧！

（2）也许是我给你带来了压力。我可以换一种方式来表达，或者我们稍后再谈这个话题，你觉得呢？

（3）也许我们可以先暂停一下，明确一下我们沟通的目的和期望。这样可能会让交流更加顺畅。

（4）我知道这个话题可能让你感到不舒服，但请相信我没有恶意。我们可以慢慢谈，或者换个轻松的话题。

（5）看起来你现在不太想继续这个话题，是不是我有什么地方做得不对？你可以告诉我你的感受吗？

（6）看来是我给你带来了不小的挑战啊！要不我们先喝杯水，冷静一下再继续？

43. 当对方食言了时……

一般女人：

你总是说到做不到，太让人失望了！

高情商女人：

（1）我原本期待我们能共同完成那件事，但似乎情况有所改变。我感到有些失望，可以告诉我发生什么了吗？

（2）我注意到之前的计划没有如期进行，是不是有什么特殊原因导致了这一变化？

（3）我们的合作基于信任和透明。如果有什么问题或困难，我希望我们能一起面对和解决。

（4）既然原计划无法实施，我们可以一起探讨一下是否有其他替代方案可以达成我们的目标。

（5）尽管这次没有按计划进行，但我相信我们有能力克服困难。期待我们下次能够成功合作。

（6）我明白每个人都有可能遇到意外情况。如果你现在无法履行承诺，请告诉我，我们可以一起找出解决办法。

44. 当对方觉得你花钱大手大脚时……

一般女人：

我花自己的钱没什么问题吧？

高情商女人：

（1）我明白你可能是担心我们的财务状况，我会认真考虑你的意见，并尽量更加审慎地管理支出。

（2）对我来说，有些花费可能看似奢侈，但它们实际上是我认为值得投资的地方，比如提升生活质量或追求个人成长。

（3）我会更加透明地与你分享我的消费决策背后的原因，这样我们可以一起讨论是否合适。

（4）我理解每个人对金钱的看法和管理方式都不同。虽然我会尊重你的意见，但我也希望保留一些个人决策的空间。

（5）感谢你对我的关心和建议。我会认真考虑并尊重你的看法，同时也希望你能尊重我的消费选择。

（6）我知道管理财务很重要，我也在努力确保我们的开销是可持续和负责任的。如果有需要调整的地方，我愿意听取你的建议。

45. 当对方一点上进心也没有时……

一般女人：

你总是得过且过，太过懒散了！

高情商女人：

（1）我知道每个人都会有低谷期，你目前的状态让我有点担心。可以跟我分享一下你的感受吗？

（2）我记得你曾经说过你想在某个领域有所成就。那些梦想对你来说还重要吗？我们可以一起探讨如何实现它们。

（3）我相信你有很多未被发掘的潜力。有时候，只需要一点点的推动和鼓励，就能激发出你巨大的能量。我愿意成为你的支持者。

（4）我也曾有过迷茫和缺乏动力的时候，但后来我发现设定小目标和逐步实现它们可以带来很大的满足感。你愿意尝试一下吗？

（5）我知道改变并不容易，但我已经看到你在某些方面付出的努力了。这让我感到很欣慰，我相信你一定能走得更远。

（6）我们的关系是一个持续成长的过程，我相信我们都有能力克服当前的困难。让我们携手共进，一起创造更美好的未来吧！

46. 当对方对你指指点点时……

一般女人：

任何人都有不足吧，我猜你也不一定是个完美的人。

高情商女人：

（1）我明白你对我可能有一些建议或看法，我会认真考虑的。同时，我也希望我们能以更尊重彼此的方式交流。

（2）哈哈，看来你真是个细心的人，连我这么小的细节都注意到了。不过，每个人都有自己的风格和处事方式，不是吗？

（3）谢谢你的关心，但每个人的生活都有自己的节奏和选择。我希望你能尊重我的决定和方式。

（4）我知道自己在做什么，也相信自己的判断。当然，如果你有好的建议，我会非常感激的。

（5）我觉得我们与其在这里争论这些小事，不如一起聊聊更有趣的话题吧。你有什么想法吗？

（6）我们好像还没有熟到彼此不分，所以很抱歉，你的关心我心领了，但你的建议我暂时不会考虑。

47. 当对方说你很可爱时……

一般女人：

还好吧，我没觉得啊。

高情商女人：

（1）看来你今天的眼光特别准嘛！不过我很好奇，你眼中的"可爱"是什么样的呢？

（2）谢谢你的夸奖，其实我在努力让自己更加可爱。你有什么建议或者想法吗？

（3）哎呀，看来是我给你留下了误会，我其实是一位超级英雄，可爱只是我的副业。

（4）哈哈，看来我今天真走运了，竟然得到了你的赞美！

（5）谢谢你的夸奖，我很高兴能够给你带来这样的感觉，我会努力保持这份可爱，并继续提升自己。

（6）哈哈，你也很可爱啊！我觉得我们都很幸运能够成为彼此眼中可爱的人。

48. 当对方送你礼物时……

一般女人：

谢谢。

高情商女人：

（1）好用心呀，怪不得其他人都羡慕我有你这么好的朋友，有你真好。

（2）你真的好懂我啊，这正是我喜欢的。

（3）这个礼物太棒了！你能告诉我你是怎么想到的吗？

（4）你对我这么好，我都不知道怎么报答你了。

（5）我会把它放在一个特别的地方，每次看到都会想起你的好。

（6）我一直想要这个东西，但都没来得及买，你真是我的知音。

49. 当对方好久没有找你时……

一般女人：

你在干吗？吃了吗？睡了吗？

高情商女人：

（1）我不找你，你不找我，就冲这默契也得出去干一杯!

（2）有一段时间没联系了，想知道你最近是否一切都好？

（3）那天我们一起玩真的很开心，什么时候能再聚聚呢？

（4）最近有什么新鲜事想分享吗？我很久没听到你的消息了。

（5）好久不见啊，最近过得怎么样？别告诉我你忘了我哦!

（6）好久没见了，要不找个时间一起出来聚聚？